普通高等教育电气工程与自动化（应用型）"十二五"规划教材

电力电子技术

第 2 版

主　编　周克宁

副主编　王子辉　黄家善

参　编　李叶紫　刘以建　赵葵银

机械工业出版社

本书是一本面向自动化、电气工程及其自动化专业的电力电子技术教材，是为适应高校应用型人才培养的专业教学需要，在第1版的基础上修订而成的。全书分为七章，第一章为绪论，介绍电力电子技术的基本概念和应用领域；第二章对常用电力电子器件的结构、工作原理及性能作了较详细的阐述；第三～六章讲述了属于电力电子技术基础的四大类变换电路的工作原理、参数计算等；第七章介绍现代电力电子新技术和新应用。全书在阐明电力电子技术基本理论的前提下，偏重于应用的介绍。在第二～六章的后面部分都列举并分析了几个具体的应用实例，以帮助读者理解和较全面地掌握电力电子技术的理论及应用知识。本书还附有MATLAB仿真习题，读者可借助习题中仿真电路模型的建立方法对电力电子技术作深入研究。

　　本书可作为高等院校应用型本科电气类及自动化类专业学生的教材，也可供从事电力电子技术专业的工程技术人员作为自学参考书。

图书在版编目（CIP）数据

电力电子技术/周克宁主编. —2版. —北京：机械工业出版社，2015.2
普通高等教育电气工程与自动化（应用型）"十二五"规划教材
ISBN 978-7-111-48825-5

Ⅰ.①电… Ⅱ.①周… Ⅲ.①电力电子技术-高等学校-教材 Ⅳ.①TM1

中国版本图书馆CIP数据核字（2014）第290189号

机械工业出版社（北京市百万庄大街22号 邮政编码100037）
策划编辑：王雅新 责任编辑：王雅新 王 康 版式设计：霍永明
责任校对：薛 娜 封面设计：张 静 责任印制：李 洋
三河市国英印务有限公司印刷
2015年2月第2版第1次印刷
184mm×260mm·11.5印张·273千字
标准书号：ISBN 978-7-111-48825-5
定价：25.00元

普通高等教育电气工程与自动化（应用型）"十二五"规划教材

编审委员会委员名单

前　言

21世纪我国高等教育开始进入大众化阶段，越来越多的人有机会接受高等教育。而培养更多的工程应用型本科人才是大众化高等教育的主要目标之一。近几年来应用型本科院校的教材建设却发展滞后。机械工业出版社在2004年组织出版了一套适合于大众化教育、应用型人才培养的自动化专业（包括电气工程及其自动化专业部分）本科教材。本书第1版的编写就是为了适应这一要求而展开的。同时，为了适应高校"卓越工程师教育培养计划"的实施和应用型人才培养的专业教学需要，本书在第1版的基础上进行了修订。

本书由三大内容板块组成。电力电子器件是第一大板块，在第二章专门论述晶闸管（Thyristor）、功率晶体管GTR、电力场效应晶体管（MOSFET）、绝缘栅双极型晶体管（IGBT）等目前常用的电力电子器件。第三～六章围绕着四大类电能变换技术介绍AC-DC整流电路、DC-DC直流斩波电路、DC-AC逆变电路及AC-AC交流-交流变换电路，这是本教材的第二大板块。第三大板块结合现代电力电子技术列举了多个应用实例，对学习、理解电力电子技术课程内容以及电力电子技术的应用具有很大帮助作用。

电力电子技术类的教材、专著已有多种，本教材的特点是论述深入浅出、举例强调应用，除了必要的理论论述外，用比较大的篇幅来介绍如何应用电力电子技术。在介绍四大类变换技术的每章后面都有一两个结合本章理论内容的实际应用例子。尤其在本次修订中，在每章应用部分增加了多种芯片型号特点的介绍，给读者选型和查找带来方便。特别是在最后一章详细地介绍了软开关技术原理、变频器、LED照明产品的分析和应用方法。本教材的另一个特点是在习题部分提供了四大类变换电路的MATLAB仿真电路模型。MATLAB是目前十分流行的仿真应用程序，学会模型的建立和仿真方法，有利于利用计算机观察电路的仿真运行状况，加深对理论分析结果的理解和知识的吸收。有兴趣的读者还可以借助于这些模型，进一步地对复杂电路做仿真研究。

本书由周克宁主编，并负责全书统稿；王子辉，黄家善任副主编。前言、第一、四章由周克宁编写，第二章由刘以建编写，第三章由李叶紫编写，第五章由黄家善编写，第六章由赵葵银编写，第七章由王子辉和周克宁编写。

本书由浙江大学电气工程学院赵荣祥教授主审。赵荣祥教授在审阅时提出了许多有益的修改意见。在此表示衷心地感谢。

上海大学陈伯时教授、上海交通大学陈敏逊教授、上海海运学院汤天浩教授、湖南科技大学吴新开教授、扬州大学夏扬副教授在讨论本书的编写大纲过程中提出了宝贵的意见和建议，在此表示衷心地感谢。

在编写过程中参编学校自动化专业或电气工程及其自动化专业高年级的同学参与了部分文字、图表输入及处理工作，编者对此表示感谢。

由于作者学识有限，书中难免会有一些缺点和错误，恳切希望广大读者批评指正。

编　者

目 录

第一章 绪 论

一、电力电子技术的基本概念

作为现代信息技术的杰出商品——计算机已深入到千家万户，但是许多人并不知道，计算机里就应用了电力电子技术。要使计算机工作，必须要有一个能让各类集成电路工作的电源系统，否则，计算机就无法运行。担任此重任的部件，就是开关电源。开关电源运用了电力电子技术，它将民用220V交流电，通过具有特定功能的电力电子电路，产生几组稳定的直流电压，向集成电路芯片及其他部件供电。从这个例子可以推测，电力电子技术与电能的变换有关。电力电子技术就是使用电力电子器件对电能进行变换和控制的技术。当然，上述的例子仅是说明电力电子技术在计算机中的具体应用。实际上，电力电子技术在工业、军事以及其他民用产品中都有着广泛的应用。

电力电子器件实际上也是半导体器件，所以也称电力半导体器件。电力电子器件和其他类别的半导体晶体管的差别，主要体现在工作机理不同、功率等级较大及开关特性有差异等几个方面。但要注意的是，由于电力电子器件在电路中常常扮演一种电子开关器件的角色，所以它只工作在两种状态，即饱和和截止状态，类似于数字电路中的器件工作状态。当然，其工作时承受的电流比较大，电压比较高。在很多情况下，由于器件开通（饱和或接近饱和）及关断（截止）频率很高，因此，电力电子器件开关性能的好坏至关重要。这在本教材有关章节中会进行讲解。

电力电子技术对电能进行变换和控制的任务是：变换电能的形态和控制电能的流动，向用户提供适合其负载的最佳电压和电流，以达到节约能源或满足工艺要求的目的。

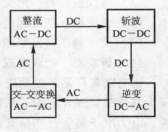

图 1-1　电能形式变换的
四大类型示意图

图 1-1 所示为电能形式变换的四大类型示意图。它们分别是将交流电能变换成直流电能、交流电能变换成另一频率或电压的交流电能、直流电能变换成另一规格的直流电能及直流电能变换成交流电能。一个具体的电力电子装置或产品可能仅用到一种类型，也有可能是几种类型的结合。

二、电力电子技术的发展概况

电力电子技术的发展是和电力电子器件发展紧密相关的。器件的发展是电力电子技术在当代得到广泛应用的重要因素。

20世纪40年代末，美国贝尔实验室发明了晶体管，使电子技术掀起了一场革命。随后，晶体管在许多应用领域开始逐步取代体积大、功耗多的电子管。最初用于电力领域的半导体器件是整流二极管。但由于整流二极管是不可控元件，很难解决生产实际中控制电能的问题，故应用受到很大限制。

20 世纪 50 年代末，美国通用电气公司研制了第一个晶闸管（SCR，后称 Thyristor），标志着电力电子技术时代的开始。晶闸管是一种导通时刻可控的半导体二极管。正是由于这个重要特性，使得电能变换与控制能比较容易地实现。从此之后，门极可关断晶闸管（GTO）、双向晶闸管（TRAIC）、电力双极型晶体管（BJT）、电力场效应晶体管（Power MOSFET）、绝缘栅双极晶体管（IGBT）等新型晶闸管和全控器件相继出现，并在容量、工作频率等性能指标上得到不断的提高。从 20 世纪 90 年代至今，陆续涌现出各种新型器件。有的是传统器件的改良品，比如 MOS 控制晶闸管（MCT）、集成门极换流晶闸管（IGCT），它们在晶闸管的基础上也综合了 MOSFET、GTO 的优点。其中比较引人注目的是一种将控制、保护、驱动电路的功能与功率器件集成在一起的功率模块器件（PIC）。由于其集成度高，使得电力电子装置的体积大为缩小，最重要的是这种器件的综合性能好，因而成为电力电子技术的发展方向。

推动电力电子技术发展的因素，除了电力电子器件及其他相关器件外，还有电路理论的发展。例如，20 世纪 80 年代，软开关电路理论的研究十分热门。电路理论着重研究优良的电路结构、器件性能的最佳利用以及解决某些特定问题的电路拓扑。许多学者都致力于研究电路问题，并取得了丰硕的成果。在本书第七章中将介绍一些基于新电路理论应用的实例。

三、电力电子技术的应用

应用电力电子技术构成的装置，按其功能可分为以下四种类型，它们对应了四大类电能变换技术：

（1）可控整流器　把交流电压变换成固定或可调的直流电压。

（2）逆变器　把直流电压变换成频率固定或可调的交流电压。

（3）交流调压器及变频器　把固定或变化的交流电压变换成可调或固定的交流电压。

（4）斩波器　把固定或变化的直流电压变换成可调或恒定的直流电压。

这些装置都是单独地应用了相关的变换技术，它们可以直接用于某些特定场合。但也有不少其他装置综合运用了几种技术，比如变频器可能就结合了整流、斩波及逆变技术。可以说，电力电子装置及产品五花八门、品种繁多，被广泛应用于各个领域。其主要应用领域包括以下几个方面。

1. 工矿企业

电力电子技术在工业中的应用主要是过程控制与工厂自动化。在过程控制中，需要对泵类和压缩机类负载进行调速，以得到更好的运行特性，满足控制的需要。自动化工厂中的机器人由伺服电动机驱动（速度和位置均可控），而伺服电动机往往采用电力电子装置驱动才能满足需要。另外，电镀行业要用到可控整流器作为电镀槽的供电电源。电化学工业中的电解铝、电解食盐水等也需要大容量的整流电源。炼钢厂里轧钢机的调速装置运用了电力电子技术中的变频技术。工矿企业中还涉及电气工艺的应用，如电焊接、感应加热等都应用了电力电子技术。

2. 家用电器

运用电力电子技术的家用电器越来越多。洗衣机、电冰箱、空调等都采用了变频技术来控制电动机。电力电子技术还与信息电子技术结合，使这些家用电器具有智能和节能的作用。如果离开了电力电子技术，这些家用电器的智能化、低电耗是无法实现的。另外，电视机、微波炉甚至电风扇也都应用了电力电子技术。照明电器在家庭中大量使用，现在家庭中大量使用的"节能灯"、"应急灯"、"电池充电器"都采用了电力电子技术。

3. 交通及运输

电力机车、地铁及城市有轨或无轨电车几乎都运用电力电子技术进行调速及控制，斩波器在这一方面得到大量应用。在中国上海，世界上首次投入商业运作的磁悬浮列车运行系统涉及供配电、驱动控制等，毫无疑问，电力电子技术在其中占有重要地位。还有像在工厂、车站短途运载货物的叉车、电梯等，也用到斩波器和变频器进行调速等控制。电动自行车和电动汽车也都要用到电力电子技术。

4. 电力系统

电力电子技术在电力系统中有许多独特的应用，例如高压直流输电（HVDC），在输电线路的送端将工频交流变为直流，在受端再将直流变回工频交流。电力电子技术和装置已开始逐渐在电力系统中起重要的作用，使得利用已有的电力网输送更大容量以及功率潮流灵活可控成为可能。电力电子装置还用于太阳能发电及风力发电装置与电力系统的连接。电网功率因数补偿和谐波抑制是保证电网质量的重要手段。晶闸管投切电抗器（TCR）、晶闸管投切电容器（TSC）都是重要的无功补偿装置。近年来出现的静止无功发生器（SVG）、有源电力滤波器（APF）等具有更为优越的补偿性能。此外，电力电子装置还可用于防止电网瞬时停电、瞬时电压跌落、闪变等。这些装置和补偿装置的应用可进行电能质量控制，改善电网质量。

5. 航空航天和军事

航天飞行器的各种电子仪器和一些航天生活器具都需要电源。在飞行时，为了最大限度地利用飞行器上有限的能源，就需要采用电力电子技术。即使用太阳能电池为飞行器提供能源，充分转换及节省能源也是非常重要的。军事上一些武器装备也需要用到轻便、节电的电源装置，自然也就要用到电力电子技术。

6. 通信

通信系统中要使用符合通信电气标准的电源和蓄电池充电器。新型的通信用一次电源，是将市电直接整流，然后经过高频开关功率交换，再经过整流、滤波，最后得到48V的直流电源。在这里大量应用了功率MOSFET管，开关工作频率广泛采用100kHz。与传统的一次电源相比，其体积、重量大大减小，效率显著提高。国内已先后推出48V/20A、48V/30A、48V/50A、48V/100A、48V/200A等系列产品，以满足不同容量的需求。

从上述例子可以看出，电力电子技术的应用已经渗透到国家经济建设和国民生活的各个领域。这些例子也说明：在工业、通信及人民生活等各个方面，所用到的电能很多并不是直接取自于市电，而是要通过电力电子装置将市电转换成符合用电设备所要求的电能形式，而这种需求促进了电力电子技术的发展。事实上，一些发达国家50%以上的电能都通过电力电子装置对负载供电，我国也有接近30%的电能通过电力电子装置转换。可以预见，现代工业和人民生活对电力电子技术的依赖性将越来越大，这也正是电力电子技术的研究经久不衰及快速发展的根本原因。

四、学习本课程所要注意的问题

本教材共有七章，第一章为绪论，概括地介绍电力电子技术的发展历史、应用领域和学习中应注意的问题。绪论的最后汇集了本课程所涉及的预备知识要点。第二章介绍电力电子器件（也称为功率电子器件），它是电力电子技术应用的基础，读者应掌握各类电力电子器件的基本概念，尤其是各种器件的特点和开关特性。因为设计电力电子装置及产品，合理地选用器件非常重要，不了解器件的特点，就设计不出性能良好的装置和产品。第三章着重介绍由晶闸管构成的可控整流电路、有源逆变及其他相关知识。在工业应用中，有多种大功率的可控整流装置。学习这一章，应掌握整流装置输出电压及功率可控的基本原理、输出电量与输入电量的关系，了解设计和应用整流装置时应注意的问题。第四章阐述了直流斩波电路，也就是直流-直流变换电路的基本原理和计算方法。直流-直流变换电路既用于直流电源供电的大功率驱动装置，如电力机车等，也用于小功率的便携式仪器设备及计算机中。这一章的原理分析用到了电路原理中电感、电容的特性和其他电路理论，学习这一章前，读者应对这些知识有所了解。第五章阐述逆变电路，即直流-交流变换电路的电路结构和工作原理。应急电源、不间断电源（UPS）、电子镇流器和许多电动机驱动电路都采用了逆变电路。逆变电路能输出频率范围较宽的交变电压或电流，控制的方式也很多，性能指标各有千秋。学习这一章时要在掌握基本变换电路工作原理的基础上，注意了解各种控制方式的特点和适用场合。第六章介绍交流-交流电能变换技术，这一章涉及交流调功、交流调压及交-交变频等知识。其中交流调功和调压电路在工业上及家用电器中用途很广。如果读者对第二章晶闸管整流电路的内容掌握得比较好，掌握这一章的知识就比较容易。第七章对当今电力电子新技术及其应用作了一些介绍。这些新技术一般都是为了解决特定问题而产生的。对这些新技术的了解有助于全面理解现代电力电子装置或产品的电路原理，对今后从事研发、维护及经营电力电子产品都有益处。

除了第一、二、七章，其他四章内容实际上都是围绕前面所讲到的四大类电能变换技术展开的。这四大类技术加上器件技术是电力电子技术的主线。读者在学习的整个过程中，要抓住这条主线，弄清楚四类变换技术到底要解决什么问题、应用于什么场合。这对于全面了解和掌握电力电子技术有很大帮助。同时也要知道，实际使用中的电力电子装置及产品可能是几种变换技术的综合运用，还会包含电力电子新技术、微处理器技术、电磁技术和控制技术。四大变换技术代表的仅是一个装置电能的输入及输出部分，真正要实现对电能变换的控制，还需要微电子技术，也就是所谓的弱电技术。从这个意义上讲，电力电子装置是强电与弱电技术相结合的产物，这对从事电力电子技术的工作者也提出了较高的要求。学习本课程，应该对这些情况有清楚的认识，不了解这一点，就会犯以偏概全的错误。

电力电子技术是一门理论性和实践性都比较强的课程。本教材在讲述理论问题时力求深入浅出、通俗易懂。同时在每章最后列举几个实际应用的电路，并对其工作原理加以讲解，以帮助读者较全面地掌握电力电子技术的应用知识。

五、预备知识要点

电力电子技术与三门基础课程，即电路原理、模拟电子技术、数字电子技术的知识有紧密关系。在阐述各类变换电路工作原理、推导数量关系、介绍控制方式和进行特点小结时，几乎都要直接或间接地引用三门课程中的概念和原理。

（1）基尔霍夫电压定理 $\sum\limits_{m=1}^{n} u_m = 0$　在分析电力电子电路时，u 指的是开关器件各极间的电压或者电感、电阻等元件两端的电压以及电路中其他任意两节点之间的电压。在进行定量分析时，要注意 u 的方向是如何设置的，它代表何种电压属性。

（2）基尔霍夫电流定理 $\sum\limits_{m=1}^{n} i_m = 0$　在分析电力电子电路时，i 指的是通过开关器件某两个极或者电感、电阻等元件的电流。同理，要注意 i 的方向是如何设置的，它代表何种电流属性。

（3）傅里叶级数　任何一种满足狄里赫利条件的周期性函数都可分解为傅里叶级数

$$f(t) = a_0 + \sum_{k=1}^{\infty} (a_k \cos k\omega t + b_k \sin k\omega t)$$

在电力电子电路中，电压和电流往往会以非正弦周期函数的形式出现。为了得到需要的定量结果，要对电压或电流进行傅里叶级数分解。对电压或电流来讲，傅里叶级数的 a_0 项就是直流分量，而 ω 是周期函数的角频率。如果能把一个非正弦周期性变化的电压源（或电流源）看成是一个直流电压源（或电流源）与多个不同频率的正弦交流电压源（或电流源）串联（或并联）而形成的电源，那么对一些问题的理解就容易了。

（4）电感的物理特性 $L \mathrm{d}i/\mathrm{d}t = u$　u 指的是电感两端的电压，i 指的是流过电感的电流。从公式中可以看出，不管在哪段时间内，只要 i 不随时间变化，那么这段时间内的电感两端电压必然为零。

伏-秒平衡规律 $1/T \int_0^T u \mathrm{d}t = 0$。因为理想电感在电路的稳定状态时，其两端的直流压降必然为零。积分式正是对其电压求平均值，也就是求直流分量，所以该式应等于零。

电感储能公式 $w = 1/2 L i^2$。电感任何时刻的储能大小与电感量及此刻的电感电流的二次方成正比。

（5）电容的物理特性 $C \mathrm{d}u/\mathrm{d}t = i$　电容与电感的物理公式具有对偶关系，i 指的是流过电容的电流，u 指的是电容两端的电压。从公式中可看出，不管在哪段时间内，只要 u 不随时间变化，那么这段时间内的电容电流必然为零。

安-秒平衡规律 $1/T \int_0^T i \mathrm{d}t = 0$。因为理想电容在电路的稳定状态时，其电流的直流部分必然为零。积分式是对其电流求平均值，也就是求直流分量，所以该式也应等于零。所谓的电容隔直作用就是这个含义。

电容储能公式 $w = 1/2 C u^2$。电容任何时刻的储能大小与电容量及此刻的电容电压的二次方成正比。

（6）对一个频率为 ω 的正弦交流电源或信号激励下的电路　电路中的电感呈现的电抗为 ωL，电容呈现的电抗为 $1/(\omega C)$。因此，电感对高频激励信号具有高阻抗，而电容却呈现低阻抗。这个概念十分重要，对分析电感、电容的端电压和通过的电流，以及它们在电路中对其他电量的影响很有帮助。当激励电源或信号是非正弦周期函数时，根据第（3）点，电容和电感对不同频率的激励电源或信号将具有不同的电抗。具体计算时，要用 $k\omega$ 代替 ω。

（7）单相及三相交流电特征　单相交流电公式为

$$u = U_m \sin \omega t$$

三相交流电的公式为

$$u_a = U_m \sin\omega t$$

$$u_b = U_m \sin(\omega t - \pi/3)$$

$$u_c = U_m \sin(\omega t - 2\pi/3)$$

上述式子是以电压量为例，电流量的形式与之相同，只要用电流 i 替换 u 即可。要注意的是 U_m 是峰值，是有效值的 $\sqrt{2}$ 倍。另一个问题是，交流电并不要求一定是纯正弦交流电。但对三相交流电而言，不管是否是纯正弦交流电，其三个相电压（或电流）之间的峰值、相位、频率关系仍然要符合上面公式的关系。

（8）单相交流电的有功功率 $P = UI\cos\varphi$、无功功率 $Q = UI\sin\varphi$、视在功率 $S = UI$ 及功率因数 $\cos\varphi = P/S$。三相交流电的相应值是单相的三倍。不过在电力电子技术中，由于交流电压量或电流量几乎都不是纯正弦波，所以相应的定义有所不同，应予以留意。

（9）晶体管、场效应晶体管等半导体器件可作为一种电路开关来使用，但当作为这个功能使用时，稳定时必须工作于导通（饱和）或截止状态，不能处于放大状态。本书中介绍的电力电子器件是大功率的半导体器件，稳定时也工作于开关状态。理想开关状态的特征，在有关章节会加以叙述。

（10）限于篇幅，模拟电子技术中关于运算放大器、数字电子电路中关于逻辑电平和逻辑集成电路的基本知识不再列出。但要清楚的是，在电力电子装置和产品中，起驱动电力电子器件、保护、自动调节等作用的电路，往往是由分立器件和集成芯片组成的，它们属于模拟和数字电子技术范畴。

第二章 电力电子器件

电力电子器件是电力电子电路中的核心器件，电能变换的功率是通过电力电子器件传递的。本章将简要概述电力电子器件的概念、发展概况和分类等问题，重点介绍几种常用电力电子器件的工作原理、基本特性、主要参数、驱动电路等问题。

第一节 概　述

一、电力电子器件的概念和特征

电力电子器件是电力电子电路的核心部件，直接用于主电路，用于对电能的变换和控制。广义上讲，电力电子器件应该分为电真空器件和半导体器件两类。目前电力电子技术中使用的器件绝大多数都是半导体器件。因此，人们通常所说的电力电子器件都是指电力半导体器件。目前使用的电力半导体器件大多是用单晶硅制成的。

电力电子器件区别于用于信息处理的普通半导体器件，它具有下列几个特征：

1) 处理的电功率大，也就是电力电子器件能够承受高电压和通过大电流。功率容量是电力电子器件重要的性能指标。

2) 电力电子器件一般工作在开关状态：导通时（通态）阻抗很小，接近于短路，管压降接近于零，而电流由外电路决定；阻断时（断态）阻抗很大，接近于断路，电流几乎为零，而管子两端电压由外电路决定。电力电子电路中，电力电子器件往往被看成是理想开关，称为电力电子开关。电力电子器件的开关特性和参数是电力电子器件特性很重要的方面。

3) 实际应用中，电力电子器件往往需要由信息电子电路来控制，这就是所谓的弱电对强电的控制。在主电路和控制电路之间，需要中间电路根据控制电路的信号控制电力电子器件的开通和关断，该电路就是电力电子器件的驱动电路。

4) 电力电子器件毕竟不是理想开关，处理的电功率越大，自身损耗也就越大，而损耗会导致器件发热。为保证器件的散热良好，不致因温度过高而损坏，不仅在器件封装上讲究散热设计，在其工作时一般都要安装散热器。

电力电子器件的损耗包括通态损耗、断态损耗、开关损耗和驱动损耗，如图 2-1 所示。通态损耗和断态损耗是由于器件导通时的管压降和关断时的漏电流不为零所致的，开关损耗是由于器件在开关过程中伴随电压电流的变化而产生的。通常，通态损耗是器件损耗的主要原因，但当器件的开关频率较高时，开关损耗会随之增大而可能成为器件功率损耗的主要因素。在第七章给出了开关损耗的计算，并介绍了降低开关损耗的方法。

二、电力电子器件的分类

按照能够被控制电路信号所控制的程度，电力电子器件分为以下三类：

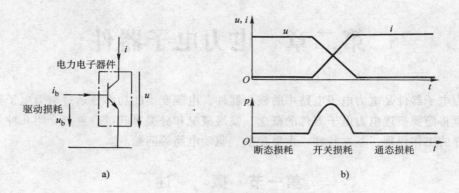

图 2-1　电力电子器件的损耗
a）电子开关示意图　b）电压、电流及耗散功率波形

（1）半控型器件——通过控制信号可以控制其导通而不能控制其关断的器件。主要有晶闸管（Thyristor）及其大部分派生器件。这类器件可以通过主电路使其承受反向电压或使其电流下降为零而关断。

（2）全控型器件——通过控制信号既可控制其导通又可控制其关断，又称自关断器件。这类器件很多，主要有电力晶体管（GTR）、电力场效应晶体管（Power MOSFET，简称电力MOSFET）、门极可关断晶闸管（Gate-Turn-Off Thyristor，GTO）、绝缘栅双极型晶体管（Insulated-Gate Bipolar Transistor，IGBT）等。

（3）不可控器件——不能用控制信号来控制其通断的器件。这类器件不需要驱动电路，主要有电力二极管（Power Diode）。电力二极管与普通二极管的导电特性一样，在电路中承受正向电压时导通、承受反向电压时关断。

按照驱动电路加在器件控制端和公共端之间信号的性质，分为以下两类：

（1）电流驱动型器件——通过从控制端注入或者抽出电流来实现导通或关断控制的器件。属于这类器件的有晶闸管、电力晶体管GTR、GTO等。

（2）电压驱动型器件——仅通过在控制端和公共端之间施加一定的电压信号就可实现导通或者关断控制的器件。电压驱动型器件实际上是通过加在控制端上的电压，在器件的两个主电路端子之间产生可控的电场来改变流过器件的电流大小和通断状态，所以又称为场控器件或场效应器件。这类器件有电力场效应晶体管及其派生和组合器件，如IGBT、MCT等。

按照器件内部电子和空穴两种载流子参与导电的情况，分为以下三类：

（1）双极型器件——指在器件内部电子和空穴两种载流子都参与导电的半导体器件。这类器件具有通态压降低、阻断电压高、电流容量大的特点，常见的有GTR、GTO、SITH、IGCT等。

（2）单极型器件——指在器件内部只有一种载流子（即多数载流子）参与导电的半导体器件。这种器件具有输入阻抗高、响应速度快的特点，典型器件有MOSFET和SIT两种。

（3）复合型器件——由单极型器件和双极型器件集成混合而成的器件。该器件兼备了两者的优点，主要有IGBT、MCT、IEGT等。

第二节 电力二极管

一、电力二极管的基本结构和工作原理

电力二极管（Power Diode）是一个面积较大的 PN 结构成的二端半导体器件。图 2-2 所示为电力二极管的外形、结构和电气图形符号。两个引线端为阴极 K 和阳极 A。

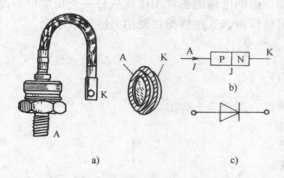

图 2-2　电力二极管的外形、结构和电气图形符号
a）外形　b）结构　c）电气图形符号

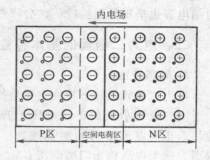

图 2-3　PN 结的形成

电力二极管的特性和 PN 结的特性是一样的。PN 结是由 N 型半导体和 P 型半导体结合后构成的，如图 2-3 所示。P 型半导体和 N 型半导体中电子和空穴浓度不同。P 型半导体中空穴浓度大于电子浓度，称为多数载流子，而 N 型半导体中电子浓度大于空穴浓度。

N 型半导体和 P 型半导体结合后，在它们的交界处出现了电子和空穴的浓度差别。载流子在无规则的运动中将由高浓度区向低浓度区扩散，即电子从 N 区向 P 区扩散，空穴从 P 区向 N 区扩散，称为扩散运动。扩散运动的结果是在界面两侧留下不能运动的带正负电荷的杂质离子，称为空间电荷。这些空间电荷建立的电场被称为内电场或自建电场。自建电场一方面阻止扩散运动，另一方面又吸引电子逆电场方向漂移回 N 区而空穴沿电场方向漂移回 P 区，称为漂移运动。扩散运动和漂移运动作用方向相反，当达到动态平衡时，形成稳定的空间电荷区，也就是 PN 结。在这个空间电荷区域内，载流子浓度比 P 区和 N 区的多数载流子浓度低得多，像被消耗尽了一样，因此被称为耗尽层。空间电荷区的内电场对载流子的扩散运动具有阻挡作用，又被称为阻挡层。另一方面，由于内电场的存在，N 区的电位高于 P 区电位。电子要从 N 区到 P 区必须越过这个被称为势垒的能量带，因此称空间电荷区为势垒区。

PN 结的主要特性是具有单向导电性，这一特性只有在存在外加电压时才表现出来。当 PN 结外加正向电压（正向偏置，即外加电压的正端接 P 区、负端接 N 区）时，外加电场与 PN 结内电场方向相反，增强了扩散运动，使空间电荷区减小。这时 P 区空穴不断涌入 N 区，而 N 区电子也会不断涌入 P 区，从而形成正向电流。正向偏置的 PN 结表现为一个很小的电阻，可以流过较大的正向电流，称为正向导通。

当 PN 结外加反向电压时（反向偏置），外加电场与 PN 结内电场方向相同，从而增强了漂移运动，使空间电荷区增大。PN 结阻挡作用增强，呈现高阻特性，在外加反向电压作用下流入 N 区的电流很小，称为反向截止。

　　PN 结具有一定的反向耐压能力，当反向电压增加到一定值时，反向电流将会急剧增大，称为反向击穿，这个外加反向电压称为反向击穿电压 U_{BR}。PN 结反向击穿按照机理不同，有雪崩击穿、齐纳击穿和热击穿三种形式。雪崩击穿和齐纳击穿是可恢复的，只要反向电流限制在一定范围内，当反向电压降低后，PN 结可恢复为原来的状态。若反向电流未被限制，则会导致 PN 结温度升高直至过热而烧毁，这就是热击穿。热击穿必须尽可能避免。

　　PN 结的空间电荷区就是一个平板电容器，其电荷量在外加电压变化时发生相同的变化，呈现电容效应，称为结电容。结电容影响 PN 结的工作频率，特别是在高速开关状态时结电容可能与电路的杂散电感共同引起高频振荡，影响电路的正常工作。从另一个角度讲，高频时结电容也呈现低阻抗特征，会降低反向阻断作用，这些情况在使用时应加以注意。

二、电力二极管的基本特性

1. 静态特性

　　电力二极管的静态特性主要是指伏安特性，如图 2-4 所示。

　　当二极管承受的正向电压上升到一定值后，正向电流才开始明显增加，二极管导通，这个电压称为门槛电压 U_{TO}。二极管导通时的正向电流 I_F 由外部电路决定，与 I_F 对应的电压 U_F 为正向压降。当二极管承受反向电压时，只有微小的反向漏电流；当反向电压超过反向击穿电压 U_{BR} 时，引起雪崩击穿，反向电流急剧增大。

2. 动态特性

　　因为结电容的存在，PN 结在零偏置、正向偏置和反向偏置三种稳定状态之间转换时需要一个过渡过程。在过渡过程中，电压、电流随时间变化的关系称为动态特性。

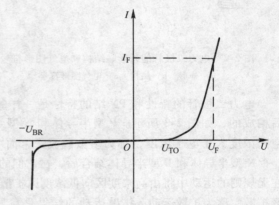

图 2-4　电力二极管的伏安特性

　　图 2-5a 所示为电力二极管由正向偏置转换为反向偏置的动态过程波形。由于 PN 结电容的存在，在二极管加正向电压流过正向电流时，结电容上充有一定电荷。此时，如果外加电压突然反向，二极管并不能立即截止。结电容需要一定的恢复时间 t_{rr}，在这期间 PN 结通过较大的反向恢复电流，并伴随明显的反向电压过冲，这是因为 PN 结正向导通时 PN 结两侧基区存储的大量少子需要清除。这些多余的少子一方面通过复合消失掉，另一方面被空间电荷区内的电场扫出去而形成较大的反向电流。

　　图 2-5b 给出了电力二极管由零偏置转换为正偏置时的动态过程波形。在这个过程中，PN 结的通态压降并不能立即达到其静态特性对应的稳态压降值，而需要经过一个正向恢复时间 t_{fr}。这是因为基区少子的存储也需要一定的时间才能达到稳态值。

三、电力二极管的主要参数

1. 额定正向平均电流 $I_{F(AV)}$

　　$I_{F(AV)}$ 指在指定壳温和散热条件下，二极管允许通过的最大工频正弦半波电流的平均

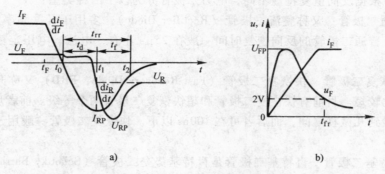

图 2-5　电力二极管的动态过程波形

a）正向偏置转换为反向偏置　b）零偏置转换为正偏置

值。在此电流下，二极管由正向电压引起的损耗造成的结温升高不会超过最高允许结温。由此可见正向平均电流也是按发热条件定义的。而决定发热的因素本来是电流的有效值。因此，应用中应按有效值相等条件选取二极管额定电流。

图 2-6 所示为工频正弦半波电流波形。

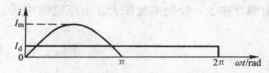

图 2-6　工频正弦半波电流波形

当电流的峰值为 I_m 时，正弦半波电流的平均值为

$$I_d = \frac{1}{2\pi} \int_0^\pi I_m \sin\omega t \mathrm{d}(\omega t) = \frac{I_m}{\pi} \tag{2-1}$$

而正弦半波电流的有效值为

$$I = \sqrt{\frac{1}{2\pi} \int_0^{2\pi} I_m^2 \sin^2 \omega t \mathrm{d}(\omega t)} = \frac{I_m}{2} \tag{2-2}$$

正弦半波电路的有效值和平均值之比为 1.57。因此根据定义，正向平均电流为 $I_{F(AV)}$ 的二极管允许通过的电流有效值为 $1.57 I_{F(AV)}$。

2. 反向重复峰值电压 U_{RRM}

电力二极管所能承受的反向最高峰值电压通常是反向雪崩击穿电压 U_B 的 2/3。使用时，通常按两倍的安全裕量选取此参数。

3. 最高允许结温 T_{JM}

结温是指整个 PN 结的平均温度，最高允许结温是指在 PN 结不致损坏的前提下所能承受的最高平均温度。T_{JM} 通常在 125～175℃ 范围内。

4. 反向恢复时间 t_{rr}

t_{rr} 是指二极管正向电流过零到反向电流下降到其峰值 10% 时的时间间隔，该值越小越好。

四、电力二极管的主要类型

由于制造工艺和结构的差别，造成了二极管的正向压降、反向耐压，特别是反向恢复特性存在差别。根据反向恢复特性不同，电力二极管分为以下三种类型：

（1）普通二极管　又称整流二极管（Rectifier Diode），多用于开关频率在 1kHz 以下的变流电路中。普通二极管的反向恢复时间一般在 25μs 左右，电流、电压定额可达数千安和数千伏以上。

（2）快恢复二极管　快恢复二极管（Fast Recovery Diode，FRD）又称开关二极管，反向恢复时间比较短。目前有快恢复二极管和超快恢复二极管两个等级。前者反向恢复时间通常在几百纳秒到几微秒之间，而后者可在 100ns 以下。快恢复二极管一般用于高频斩波和逆变电路中。

（3）肖特基二极管　肖特基二极管是肖特基势垒二极管（Schottky Barrier Diode，SBD）的简称。它是通过金属与半导体接触而形成的。金属与半导体接触后，电子从导体向金属区扩散，在半导体一侧形成空间电荷区、内电场和势垒。在外电场作用下，SBD 也表现出单向导电特性。与以 PN 结为基础的结型二极管相比，肖特基二极管的优点是：反向恢复时间很短（10~40ns）；正向恢复过程中不会有明显的电压过冲；正向压降较小。肖特基二极管的弱点在于：反向电流较大，电压定额较低，故多用于 200V 以下的低压场合。

第三节　电力晶体管

电力晶体管（Giant Transistor，GTR）是一种耐高压、大电流的双极结型晶体管（Bipolar Junction Transistor，BJT）。与 PN 结二极管一样，电子和空穴在双极晶体管中同时参与导电，故称双极晶体管。电力晶体管是一种电流控制的全控型器件，是典型的电力电子器件之一。

一、GTR 的结构和工作原理

电力晶体管是由三层半导体、两个 PN 结构成的。三层半导体结构形式可以是 PNP，也可以是 NPN。

图 2-7 所示为 GTR 的基本结构及电气图形符号，图中字母上标" + "表示高掺杂浓度。根据对工作特性的要求及制造工艺的特点，实际器件的结构可能有较大变化，为了满足大功率的要求，GTR 常常采用集成电路工艺将许多单元并联而成。

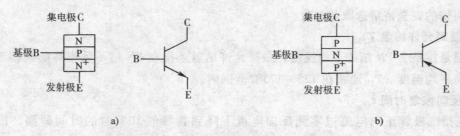

图 2-7　GTR 的基本结构和电气图形符号

a）NPN 型　b）PNP 型

双极结型晶体管是一种电流控制型器件，由其主电极（发射极 E 和集电极 C）传导的工作电流受门极（基极 B）较小电流的控制。在应用中，GTR 一般采用共发射极接法，这种接法具有较高的电流和功率增益。图 2-8 给出了 NPN 双极晶体管在此接法下的载流子流动示意图。集电极电流 i_C 与基极电流 i_B 之比为

$$\beta = \frac{i_C}{i_B} \tag{2-3}$$

β 称为 GTR 的电流放大系数，它反映了基极电流对集电极电流的控制能力，单管 GTR 的 β 值一般小于 10。

为了有效地增大电流增益 GTR，常常采用两个或多个晶体管组成达林顿接法，如图 2-9 所示。达林顿 GTR 的特点是电流增益高、输出管不会饱和及关断时间长。

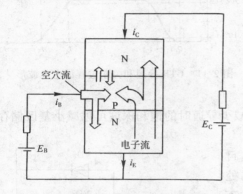

图 2-8　共射极晶体管中的电子流和空穴流

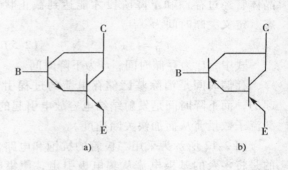

图 2-9　达林顿 GTR
a）NPN 型　b）PNP 型

二、GTR 的基本特性

1. 静态特性

图 2-10 给出了 GTR 共发射极接法的输出特性，这是集电极的电压、电流关系特性。GTR 的工作状态划分为 4 个不同的区域：截止区、放大区、准饱和区和深饱和区。

截止区特性类似于开关处于关断状态，该区对应于基极电流 i_B 为零的条件，GTR 仅有极小漏电流；在放大区，集电极电流与基极电流呈线性关系；深度饱和区特性类似于开关的导通状态，电流增益和导通电压均很小；准饱和区介于深度饱和区和放大区之间。

在电力电子线路中，GTR 主要工作在开关状态，即工作在截止区和饱和区。

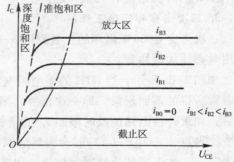

图 2-10　GTR 共发射极接法的输出特性

2. 动态特性

动态特性描述开关过程的瞬态性能，又称开关特性。

GTR 是以基极电流控制导通和关断的，图 2-11 所示为 GTR 导通和关断过程的电流波形。

t_0 时刻开始加入正向基极电流，GTR 经过延时和上升时间才能达到饱和导通状态，定

义开通时间为

$$t_{on} = t_d + t_r \qquad (2\text{-}4)$$

式中，t_d 为延时时间；t_r 为上升时间。

延时过程是因为发射结结电容充电引起的，上升过程是由于基区电荷储存需要一定时间造成的。

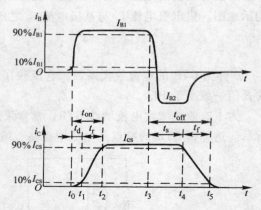

增大基极驱动电流 i_B 的幅值及 di_B/dt，可以缩短开通时间。当反向电流加入基极时，晶体管经过存储和下降阶段才能达到截止状态。定义关断时间为

$$t_{off} = t_s + t_f \qquad (2\text{-}5)$$

式中，t_s 为存储时间；t_f 为下降时间。

图 2-11　GTR 导通和关断过程的电流波形

存储时间是消除基区储存电荷的过程引起的，而下降时间是发射结结电容放电引起的。减少导通时的饱和深度可以减小基区储存的载流子数量，从而加快关断速度。

图 2-12 所示为采用二极管的抗饱和电路，其目的是将多余的基极电流从集电极引出，使集电结处于零偏置或轻微正向偏置的状态，从而使 GTR 在不同集电极电流情况下都处于准饱和状态。图中 VD$_1$、VD$_2$ 为抗饱和二极管，VD$_3$ 为反向基极电流提供通路。当集电极电流减小时，GTR 饱和加深，U_{CE} 减小，VD$_1$ 将分流更多的基极电流，使流过 VD$_2$ 的基极电流减小，从而减小 GTR 饱和深度。但减小导通

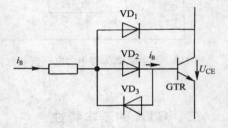

图 2-12　GTR 抗饱和电路

时的饱和深度会使集电极和发射极之间的导通压降增加，从而增大通态损耗。

GTR 的开关时间在几微秒之内。

3. 二次击穿和安全工作区

二次击穿是 GTR 损坏的主要原因，是影响 GTR 变流装置可靠性的一个重要原因，因此使用时必须加以注意。

如图 2-13 所示，当 GTR 的集电极电压升高至某一值时，集电极电流 I_C 急剧增大，这就是通常所说的雪崩现象，即一次击穿，所施加的电压称为一次击穿电压 U_{CEO}。出现一次击穿后，如果外接电路能及时限制 I_C 的增长，GTR 一般不会损坏，如不加限制，当 I_C 增加到某个临界点 A（U_{SB}，I_{SB}）时会突然急剧上升，同时伴随电压的陡然下降。这种现象称为二次击穿。二次击穿的持续时间极短，但常常立即导致 GTR 永久损坏。

将不同基极电流下二次击穿的临界点连接起来就构成了二次击穿临界线，临界线上的点反映了二次击穿功率 $P_{SB} = U_{SB}I_{SB}$。这样 GTR 工作时不仅不能超过最高电压 U_{CEM}，集电极最大电流 I_{CM} 和最大耗散功率 P_{CM}，也不能超过二次击穿临界线。这种限制条件规定了 GTR 的安全工作区（Safe Operating Area，SOA），如图 2-14 所示。

为了确保 GTR 在开关过程中能安全可靠地长期工作，其开关动态轨迹必须限定在安全工作区内。

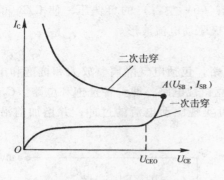

图 2-13 GTR 的二次击穿特性

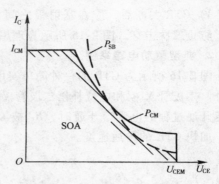

图 2-14 GTR 的安全工作区

三、GTR 的主要参数

1. 电压参数

GTR 所能承受的最大反向电压是 GTR 的重要参数，该电压超过一定值时，就会发生击穿。击穿电压不仅与 GTR 本身的特性有关，还与外部线路的接法有关。

随着测试条件不同，击穿电压有下面几种：

1）发射极开路时集电极和基极间的反向击穿电压 U_{CBO}。

2）基极开路时集电极和发射极间的击穿电压 U_{CEO}。

3）发射极和基极间接电阻时集电极和发射极间的击穿电压 BU_{CER}。

4）发射极与基极间短路时集电极和发射极间的击穿电压 BU_{CES}。

5）发射结反向偏置时集电极和发射极间的击穿电压 BU_{CEX}。

这些击穿电压的关系为：$U_{CBO} > U_{CEX} > U_{CES} > U_{CER} > U_{CEO}$。实际使用时 GTR 最高工作电压要比 U_{CEO} 低得多。

2. 电流定额

电流定额指集电极最大允许电流 I_{CM}，通常规定直流电流放大系数 K_{FE} 下降到规定值的 $1/2 \sim 1/3$ 时所对应的 I_C 为集电极最大允许电流。

3. 集电极最大耗散功率 P_{CM}

这是指在最高工作温度下允许的耗散功率。晶体管在工作过程中，由于管子的集电结和发射结都有电压、电流，所以都会消耗功率。其中集电结消耗的功率通常比发射结大得多，因此晶体管总的消耗功率就可以看成是集电结消耗的功率。这个功率产生的热量使结温升高，而结温升高又会使集电极电流增大，使结温进一步升高，当超过最高集电极结温时 GTR 就会发生热击穿。

四、GTR 的驱动电路

GTR 是电流驱动型器件，基极驱动电路对 GTR 的工作有很大的影响。

1. GTR 对基极驱动电路的要求

1）GTR 导通时，正向注入的基极电流应能保证 GTR 在最大负载下维持饱和导通，电流的上升率应充分大，以减少开通时间。

2）GTR 关断时反向注入的电流峰值及下降率应充分大，以减少关断时间。

3）GTR 关断后，应在基射极之间加一定幅值（6V 左右）的负偏压，使 GTR 可靠关断，防止二次击穿。图 2-15 所示为理想的 GTR 基极驱动电流波形。

2. 典型驱动电路举例

图 2-16 所示为 GTR 的一种简单实用的驱动电路，包括电气隔离、放大和抗饱和电路 3 部分。二极管 VD_2 和电位补偿二极管 VD_3 构成贝克钳位电路，即一种抗饱和电路。C_2 是为加速开通过程的电容。开通时，R_5 被 C_2 短路，可实现驱动电流的过冲，并增加前沿的陡度，加快 GTR 的导通速度。

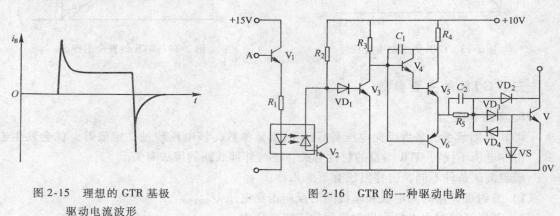

图 2-15　理想的 GTR 基极
　　　　驱动电流波形

图 2-16　GTR 的一种驱动电路

GTR 的集成驱动电路中，THOMSON 公司的 UAA4002 和三菱公司的 M57215BL 较为常见。

第四节　晶　闸　管

晶闸管（Thyristor）是硅晶体闸流管的简称，它包括普通晶闸管（Silicon Controlled Rectifier，SCR）、双向晶闸管、门极可关断晶闸管及逆导晶闸管等。

一、晶闸管的基本结构和工作原理

晶闸管是具有 4 层 PNPN 结构、3 端引出线的半导体晶体。图 2-17 所示为晶闸管的外形、结构及电气图形符号。

从外形上来看，现在所使用的晶闸管有 5 种封装结构：螺柱型、平板型、塑封型、集成封装型、模块型。晶闸管有 3 个引线端，分别为阳极 A、阴极 K 和门极 G。

晶闸管内部是 PNPN 4 层半导体结构，分别命名为 P_1、N_1、P_2、N_2 4 个区，4 个区形成 J_1、J_2、J_3 3 个 PN 结，3 个引线端分别与 P_1、N_2、P_2 区相连。这种结构决定了晶闸管

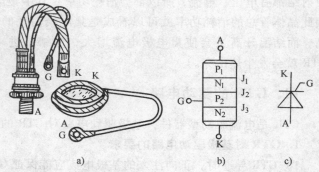

图 2-17　晶闸管的外形、结构及电气图形符号
a）外形　b）结构　c）电气图形符号

独特的导电性能。

晶闸管的工作原理可以用双晶体管模型来说明，如图2-18所示。

当晶闸管承受正向阴极电压时，为使晶闸管导通必须使承受反向电压的PN结失去阻挡作用。从图2-18所示的双晶体管模型可见，每个晶体管的集电极电流同时就是另一晶体管的基极电流。当有足够的门极电流I_G流入时，两个复合的晶体管电路就会形成强烈的正反馈，造成两晶体管饱和导通，即晶闸管饱和导通。

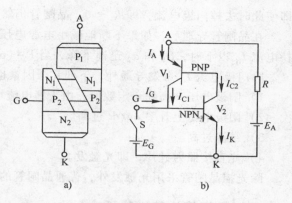

图2-18 晶闸管的双晶体管模型及其工作原理
a）双晶体管模型 b）工作原理

此时如果撤掉外电路注入门极的电流I_G，晶闸管由于内部已形成强烈的正反馈，会仍然维持导通状态。而要使晶闸管关断，就必须去掉阳极正向电压，或施加阳极反向电压，使晶闸管的电流降低至接近于零的某一数值下，晶闸管才能关断。所以对晶闸管的驱动过程更多的是称为触发，产生注入门极的触发电流I_G的电路称为门极触发电路。正是由于通过其门极只能控制其导通，不能控制其关断，所以晶闸管称为半控型器件。

设PNP管和NPN管的集电极电流相应为I_{C1}和I_{C2}，发射极电流相应为I_A和I_K，电流放大系数相应为α_1和α_2

$$\alpha_1 = I_{C1}/I_A \tag{2-6}$$
$$\alpha_2 = I_{C2}/I_K \tag{2-7}$$

设通过J_2结的反向漏电流为I_{CO}，则晶闸管的阳极电流为

$$I_A = I_{C1} + I_{C2} + I_{CO} = \alpha_1 I_A + \alpha_2 I_K + I_{CO} \tag{2-8}$$

设门极电流为I_G，则晶闸管的阴极电流为

$$I_K = I_A + I_G \tag{2-9}$$

由式（2-8）和式（2-9）可得

$$I_A = (I_{CO} + \alpha_2 I_G)/[1 - (\alpha_1 + \alpha_2)] \tag{2-10}$$

晶闸管的电流放大系数随发射极电流的变化而变化，在低发射极电流下，α_1和α_2很小，而发射极电流建立起来后，α_1和α_2则迅速增大。

当晶闸管承受正向阳极电压、未加门极驱动电压，即$I_G = 0$时，$\alpha_1 + \alpha_2$很小，由式（2-10）得$I_A \approx I_{CO}$，晶闸管处于正向阻断状态。

当晶闸管承受正向阳极电压、门极流入电流I_G时，由于足够大的I_G流经NPN管的发射极，从而提高其电流放大系数α_2，NPN管产生足够大的集电极电流I_{C2}流过PNP的发射极，又提高了PNP管的电流放大系数α_1，从而产生更大的I_{C1}，这样强烈的正反馈过程迅速进行并瞬间完成。

当α_1、α_2随发射极电流增加至$\alpha_1 + \alpha_2 \approx 1$时，由式（2-10）可见晶闸管阳极电流$I_A$将趋于无穷大，从而实现器件的饱和导通。实际由于外电路负载的限制，流过晶闸管的电流完全由主回路的电压和电阻决定。

由式（2-10）可看出，晶闸管在导通后，$1 - (\alpha_1 + \alpha_2) \approx 0$，门极便失去了控制作用。

即使此时去掉门极电流，即 $I_G = 0$，晶闸管仍然会保持原来的阳极电流 I_A 而继续导通。

在晶闸管导通后，如果不断地减小电源电压或增大回路电阻，使阳极电流 I_A 减小至维持电流 I_H 以下时，α_1 和 α_2 迅速下降，当 $1-(\alpha_1+\alpha_2) \approx 1$ 时，晶闸管恢复阻断状态。

除门极电流 I_G 触发导通外，下列几个因素也可能使晶闸管被触发导通：

1）阳极电压升高到一定数值，由于漏电流增大造成雪崩效应而导通。

2）阳极电压上升率 $\mathrm{d}u/\mathrm{d}t$ 过高。

3）结温过高。

4）光直接照射硅片，即光触发。

除光控晶闸管采用光触发外，普通晶闸管的正常触发方式是采用门极触发。

二、晶闸管的基本特性

晶闸管的导电特性相当于一个可控的单向导电开关。

1. 静态特性

（1）伏安特性　晶闸管阳极电压与阳极电流的关系称为晶闸管的伏安特性，如图 2-19 所示，位于第一象限的是正向特性，位于第三象限的是反向特性。晶闸管反向特性是指晶闸管的反向阳极电压与阳极漏电流的关系特性。晶闸管的反向特性与一般二极管的反向特性相似。在正常情况下，当晶闸管承受反向阳极电压时，总是处于阻断状态，当反向电压增大至一定数值时就会导致晶闸管反向击穿。晶闸管的正向特性分为阻断状态和导通状态。当 $I_G = 0$ 时，如果在晶闸管两端施加正向电压，则晶闸管处于正向阻断状态，只有很小的正向漏电流流过。如果正向电压超过临界极限即正向

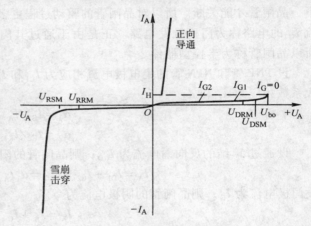

图 2-19　晶闸管的伏安特性

转折电压 U_{bo} 时，则漏电流急剧增大，晶闸管导通。导通后的晶闸管的特性又与二极管正向特性相似，即通过较大的阳极电流，晶闸管本身的压降也很小，在 1V 左右。

正常工作时，是不允许把正向阳极电压加到转折电压 U_{bo} 的，而是从门极输入触发电流 I_G 使晶闸管导通，I_G 越大，正向转折电压愈低。图中 $I_{G2} > I_{G1} > I_G$。在晶闸管导通后，如果门极电流为零，并且阳极电流减少到 I_H 以下时，晶闸管由导通变为阻断。I_H 是维持晶闸管导通所需的最小电流，称为维持电流。

（2）门极伏安特性　由图 2-17 可见，晶闸管门极和阴极间有一个 PN 结 J3，晶闸管的门极伏安特性类似于二极管的伏安特性。

由于实际产品的门极伏安特性分散性很大，为了保证可靠、安全的触发，门极触发电路所提供的触发电压、电流和功率都应限制在一个可靠触发区内。常常以一条典型的极限高阻门极特性和一条极限低阻门极特性之间的区域来代表所有器件的伏安特性，称为门极伏安特性区域，如图 2-20 所示。其中能保证安全、可靠触发的区域称为可靠触发区。可靠触发区

是由门极正向峰值电流 I_{GFM}，正向峰值电压 U_{GFM} 及允许最大门极功耗 P_{GM} 划定上限的伏安特性区域。图 2-20 中 ABCGFEDA 标定的区域称为可靠触发区。此外，门极平均功率损耗不应超过规定的平均功率 P_G。

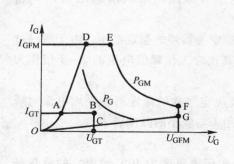

图 2-20　晶闸管门极伏安特性　　　　　图 2-21　晶闸管开通和关断过程的波形

2. 动态特性

与其他半导体器件一样，晶闸管的开通和关断也有一个动态过程。图 2-21 所示为晶闸管开通和关断过程的波形。

（1）开通过程　由于晶闸管内部的正反馈过程需要时间，再加上外电路电感的限制，晶闸管从被触发到阳极电流的建立，需要一个过程。从门极电流阶跃时刻开始，到阳极电流上升到稳态值的 10%，这段时间称为延迟时间 t_d，与此同时，晶闸管的正向压降也在减小。阳极电流从 10% 上升到稳态值的 90% 所需的时间称为上升时间 t_r，定义晶闸管开通时间 t_{gt} 为

$$t_{gt} = t_d + t_r \tag{2-11}$$

一般认为延迟时间是由于载流子渡越基区造成的，上升时间反映了基区载流子浓度达到新的稳态分布过程。普通晶闸管延迟时间为 0.51 ~ 1.5 μs，上升时间为 0.5 ~ 3 μs。

（2）关断过程　晶闸管关断过程与电力二极管的关断过程类似。

原先导通的晶闸管在外加电压突然由正向变为反向时，由于外电路电感的作用，阳极电流将逐步衰减到零，然后流过反向恢复电流，经过最大值 I_{RM} 后，再反方向衰减。同样，在恢复电流快速衰减时，由于外电路电感的作用，会产生反向尖峰电压 U_{RRM}。最终反向恢复电流衰减至接近于零，晶闸管恢复对反向电压的阻断能力。从反向电流降为零到反向恢复电流衰减至接近于零的时间称为反向阻断恢复时间 t_{rr}。反向恢复过程结束后，由于载流子复合过程比较慢，晶闸管要恢复对正向电压的阻断能力还需要一段时间，称为正向阻断恢复时间 t_{gr}。实际应用中，应对晶闸管施加足够长时间的反向电压，以保证晶闸管完全恢复阻断能力。

晶闸管关断时间 t_g 定义为

$$t_g = t_{rr} + t_{gr} \tag{2-12}$$

普通晶闸管的关断时间约为几百微秒。

三、晶闸管的主要参数

1. 电压参数

（1）断态重复峰值电压 U_{DRM}　指在门极断路、额定结温条件下，允许重复施加在器件

上的正向峰值电压。国标规定重复频率为50Hz，每次持续时间小于10ms。这个电压规定为断态不重复峰值电压（即断态最大瞬时电压）U_{DSM} 的90%。

（2）反向重复峰值电压 U_{RRM}　指在门极断路、额定结温条件下，允许重复加在器件上的反向峰值电压。这个电压规定为反向不重复峰值电压（即反向最大瞬态电压）U_{RSM} 的90%。

（3）额定电压　通常将 U_{RRM} 和 U_{DRM} 中较小的数值标定为器件的额定电压。由于瞬时过电压会使晶闸管损坏，因而应选用晶闸管的额定电压为其正常工作峰值电压的 2~3 倍作为安全裕量。

（4）通态（峰值）电压 U_{TM}　指晶闸管通过 π 倍或规定倍数的额定通态平均电流时瞬态峰值电压。从减少损耗和器件发热的观点出发，应选用 U_{TM} 较小的晶闸管。

2. 电流参数

（1）通态平均电流 $I_{T(AV)}$　通态平均电流为晶闸管在环境温度为40℃和规定的散热条件下，稳定结温不超过额定结温时所允许流过的最大工频正弦半波电流的平均值。同电力二极管一样，这个参数是按照器件本身的通态损耗的发热效应来定义的。

晶闸管引起发热的功耗主要有：通态损耗、断态和反向阻态损耗、开关损耗和门极驱动功率损耗。通态损耗是晶闸管发热的主要原因，因此晶闸管额定电流的选取是根据有效值相等的原则进行的，即通过晶闸管的实际电流的有效值等于额定电流 $I_{T(AV)}$ 的电流有效值（$1.57 I_{T(AV)}$）。实际应用时留有 1.5~2 倍的安全裕量。

（2）维持电流 I_H　维持电流是指维持晶闸管导通所需的最小电流，I_H 与结温有关，结温越高，则 I_H 越小。

（3）擎住电流 I_L　擎住电流是指晶闸管刚从断态转入通态并移去触发信号后，能维持导通所需的最小电流。对同一器件来说，I_L 为 I_H 的 2~4 倍。

（4）浪涌电流 I_{TSM}　浪涌电流是指额定结温时，在工频正弦半周期间器件所能承受的最大过载电流。

3. 门极参数

（1）门极触发电流 I_{GT}　门极触发电流是指在室温且阳极电压为6V直流电压时，使晶闸管从阻断到完全开通所必需的最小门极直流电流。

（2）门极触发电压 U_{GT}　对应 I_{GT} 的门极触发电压。

4. 动态参数

除导通时间 t_{gt} 和关断时间 t_q 外，还有：

（1）断态电压临界上升率 du/dt　这是指在额定结温和门极断路条件下，使晶闸管从断态到导通的最低电压上升率。

（2）通态电流临界上升率 di/dt　这是指在规定条件下，由门极触发使晶闸管导通时，晶闸管能够承受而不致损坏的最大电流上升率。

四、晶闸管的驱动

1. 晶闸管对驱动电路的要求

晶闸管是半控型器件，晶闸管的驱动电路通常称为触发电路。晶闸管触发电路的作用是产生符合要求的门极触发脉冲，保证晶闸管在需要的时刻由阻断转为导通。

晶闸管触发电路应满足以下要求：

1）触发电路产生的触发脉冲应有足够的宽度以保证晶闸管可靠导通。

2）触发脉冲应有足够的幅值和前沿陡度，以保证晶闸管快速导通。图 2-22 所示为理想的晶闸管触发脉冲电流波形。

3）触发脉冲的电压、电流和功率应在晶闸管伏安特性的可靠触发区内。

4）晶闸管多用于相位控制的变流电路中，相应的触发电路应能够对触发时刻（相位）进行控制，这种触发电路称为移相控制触发电路，将在第三章中加以介绍。

5）应与主电路隔离，并具有良好的抗干扰性能和温度稳定性。

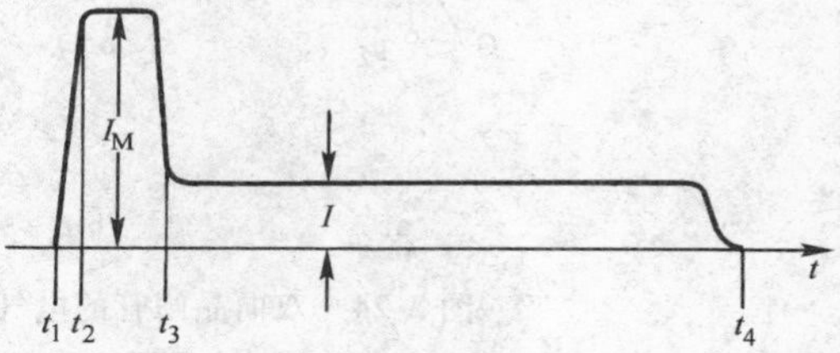

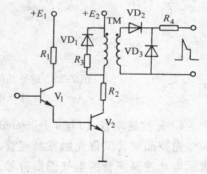

图 2-22　理想的晶闸管触发脉冲电流波形

$t_1 \sim t_2$—脉冲前沿上升时间（$< 1\mu s$）

$t_1 \sim t_3$—强脉冲宽度　I_M—强脉冲幅值（$3I_{GT} \sim 5I_{GT}$）

$t_1 \sim t_4$—脉冲宽度　I—脉冲平顶幅值（$1.5I_{GT} \sim 2I_{GT}$）

I_{GT}—晶闸管的门极触发电流

2. 常见晶闸管触发电路举例

图 2-23 所示为一种常见的晶闸管触发电路。它由 V_1、V_2 构成的脉冲放大环节和脉冲变压器以及附属电路构成的脉冲输出环节组成。

当 V_1、V_2 导通时，脉冲变压器向晶闸管的门极和阴极之间输出触发脉冲。脉冲变压器起到了控制电路和主电路之间的电气隔离作用。VD_1 和 R_3 是为了 V_1、V_2 由导通变为截止时脉冲变压器释放能量而设的。

五、其他类型的晶闸管

1. 快速晶闸管（Fast Switching Thyristor, FST）

快速晶闸管与普通晶闸管的基本结构和伏安特性基本相同，但快速晶闸管由于在结构和制造工艺上对普通晶闸管进行了改进，其开关时间以及 du/dt、di/dt 参数

图 2-23　常见的晶闸管触发电路

都有了明显改善。从开关时间来看，普通晶闸管一般为几百微秒，快速晶闸管为几十微秒。由于开关频率的提高，快速晶闸管常用于 400Hz 以上的变流电路中。

2. 双向晶闸管（Triode AC Switch, TRIAC 或 Bidirectional Triode Thyristor）

双向晶闸管可以看成为一对反向并联的普通晶闸管的集成，图 2-24 所示为双向晶闸管的电气图形符号、等效电路及伏安特性。它有 2 个主电极 T_1、T_2 和 1 个门极。门极可使主电极在正反两个方向上均可触发导通。双向晶闸管与一对反并联晶闸管相比具有控制电路简单、工作稳定可靠、经济的优点。在交流调压、灯光调节、温度控制、无触点交流开关电路及交流电动机调速等领域得到广泛的应用。

3. 逆导晶闸管（Reverse Conducting Thyristor, RCT）

逆导晶闸管是将晶闸管反并联 1 个二极管制作在同一管芯上的功率集成器件。图 2-25 所示为逆导晶闸管的电气图形符号、等效电路及伏安特性。

逆导晶闸管具有正向压降小、关断时间短、高温特性好、额定结温高等优点。

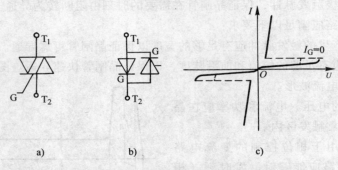

图 2-24　双向晶闸管的电气图形符号、等效电路及伏安特性
a）电气图形符号　b）等效电路　c）伏安特性

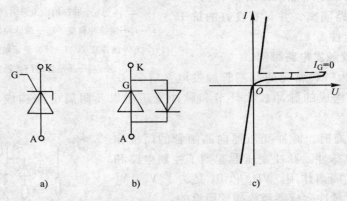

图 2-25　逆导晶闸管的电气图形符号、等效电路及伏安特性
a）电气图形符号　b）等效电路　c）伏安特性

4. 光控晶闸管（Light Triggered Thyristor，LTT）

光控晶闸管又称光触发晶闸管，是利用一定波长的光照信号触发导通的晶闸管，图2-26所示为光控晶闸管的电气图形符号及伏安特性。

小功率光控晶闸管只有阳极和阴极两个端子，大功率光控晶闸管则还带有光缆，光缆上装有作为触发光源的发光二极管或半导体激光器。光触发保证了主电路与控制电路之间的绝缘，且可避免电磁干扰的影响，因此光控晶闸管目前在高压大功率的场合，如高压直流输电和高压核聚变装置中，占据重要的地位。

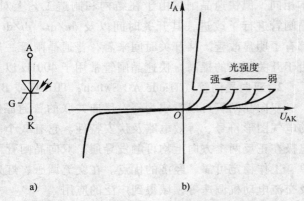

图 2-26　光控晶闸管的电气图形符号及伏安特性
a）电气图形符号　b）伏安特性

5. 门极可关断晶闸管（Gate Turn-Off Thyristor，GTO）

门极可关断晶闸管也是晶闸管的一种派生器件，但可以通过门极施加的负脉冲电流使其

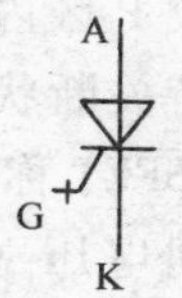

关断，因而属于全控型器件。门极可关断晶闸管电压、电流容量较大，与普通晶闸管接近，因而在大功率变流电路中应用较多。

图 2-27 GTO 的电气图形符号

GTO 和普通晶闸管一样，是 PNPN 4 层 3 端的半导体结构。但和普通晶闸管不同的是，GTO 是一种多元功率集成器件，内部包含数百个共阳极的小 GTO 单元。这些 GTO 单元的阴极和门极在器件内部并联在一起，这是为便于实现门极控制关断所采取的特殊设计。图 2-27 所示为 GTO 的电气图形符号。

GTO 的工作原理仍然可以用双晶体管模型来分析，可参考图 2-18。从普通晶闸管的分析可以看出，$\alpha_1 + \alpha_2 = 1$ 是晶闸管临界导通条件。当 $\alpha_1 + \alpha_2 > 1$ 时，两个等效晶体管过饱和而使晶闸管导通；当 $\alpha_1 + \alpha_2 < 1$ 时两个等效晶体管不能维持饱和导通而使晶闸管关断。GTO 之所以能够通过门极控制关断，原因在于：

1）在设计时使得 V_2 晶体管的共基极电流增益 α_2 较大，这样晶体管 V_2 控制灵敏。

2）导通时，$\alpha_1 + \alpha_2$ 更接近于 1，也就是 GTO 导通时，饱和程度较浅，易于退出饱和状态。

3）多元集成结构使每个 GTO 单元阴极面积很小，门极和阴极间的距离缩短，使得 P_2 基区所谓的横向电阻很小，从而使从门极抽出较大电流成为可能。

所以，GTO 的导通过程与普通晶闸管一样，只是导通时饱和程度较浅。而关断时，需要给门极加负脉冲，即从门极抽出电流，同样经过强烈的正反馈，使 I_A 和 I_K 减小。当 $\alpha_1 + \alpha_2 < 1$ 时，器件退出饱和而关断。GTO 的多元集成结构使 GTO 易于关断，也使得其比普通晶闸管开通过程更快。但多元集成结构要求各个小单元在导通和关断时动作应整齐一致，否则就会发生烧毁器件的现象。

第五节 电力 MOS 场效应晶体管

电力 MOS 场效应晶体管，简称电力 MOSFET（Metal Oxide Semiconductor Field Effect Transistor）是一种单极型的电压控制全控型器件，具有输入阻抗高、驱动功率小、开关速度快、无二次击穿问题、安全工作区宽、热稳定性优良、高频性能好等显著优点。但由于半导体工艺和材料的限制，迄今还难以制成同时具有高电压和大电流特性的电力 MOSFET。在诸如开关电源、小功率变频调速等电力电子设备中，电力 MOSFET 具有其他电力器件所不能替代的地位。

一、电力 MOSFET 的基本结构和工作原理

MOSFET 的种类和结构繁多，按导电沟道可分为 P 沟道和 N 沟道。图 2-28a 所示为 N 沟道 MOSFET 的基本结构示意图。电力 MOSFET 的电气图形符号如图 2-28b 所示，3 个引线端分别称为源极 S、漏极 D、栅极（门极）G。

电力 MOSFET 在导通时只有一种极性的载流子（N 沟道是电子、P 沟道是空穴）参与导电，从源极 S 流向漏极 D。

下面以 N 沟道 MOSFET 为例说明 MOSFET 的工作原理。

图 2-29 所示为 MOSFET 模拟结构示意图。当栅极的 U_{GS} 为零时，漏极与源极间两个 PN 结状态和普通二极管一样，即使在漏源之间施加电压，总有 1 个 PN 结处于反偏状态，不会

形成 P 区内载流子的移动，即器件
保持关断状态。这种正常关断型的
MOSFET 称为增强型。当栅极加上
正向电压（$U_{GS} > 0$），由于栅极是
绝缘的，所以并不会有栅极电流流
过，但在栅极外加电场作用下，P
区内少数载流子——电子被吸引而
移到栅极下面的区域，栅极下硅表
面的电子成为多数载流子，P 型反
型成为 N 型，形成反型层，如

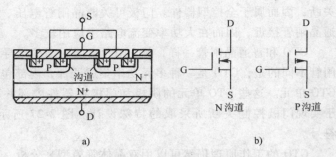

图 2-28　MOSFET 的基本结构和电气图形符号
a）内部结构断面示意图　b）电气图形符号

图 2-29b 所示。反型层使 PN 结消失，此时在漏源极正向电压 U_{DS} 作用下，电子从源极移动
到漏极形成漏极电流 I_D，我们把这个导电的反型层称作 N 沟道。U_{GS} 越大，沟道越宽，导电
能力越强。当栅极加上反向电压（$U_{GS} < 0$）时，在栅极反向电场作用下，栅极下面的硅表
面产生空穴，故不能通过漏极电流 I_D。

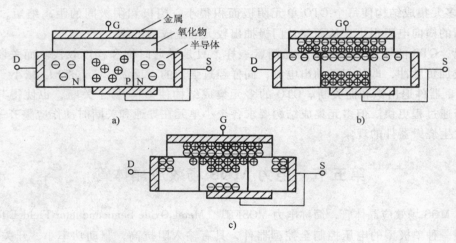

图 2-29　MOSFET 模拟结构
a）$U_{GS} = 0V$　b）$U_{GS} > 0V$　c）$U_{GS} < 0V$

　　传统的 MOSFET 结构把源极、栅极、漏极都安装在硅片的同一侧面上，因而 MOSFET
中的电流是横向流动的，电流容量不可能太大。目前，电力 MOSFET 大量采用垂直导电结
构，称为 VMOSFET，这样 MOSFET 器件的耐压和电流容量得到了很大的提高。

二、电力 MOSFET 的基本特性

1. 静态特性

　　电力 MOSFET 的静态特性主要指输出特性、饱和特性和转移特性。

　　（1）输出特性　输出特性是指漏极电流 I_D 与漏极电压 U_{DS} 的关系特性，如图 2-30 所
示。输出特性包括 3 个区：截止区、饱和区、非饱和区。这里的饱和和非饱和的概念和 GTR
不同，饱和是指漏极电压 U_{DS} 增加时，漏极电流不再增加，非饱和是指漏极电压增加时，漏
极电流相应增加。

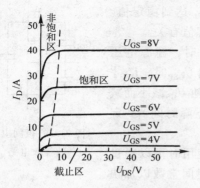

图 2-30 电力 MOSFET 的输出特性

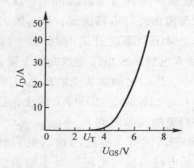

图 2-31 增强型电力 MOSFET 的转移特性

（2）转移特性　转移特性指漏极电流 I_D 与栅源电压 U_{GS} 之间的关系特性。图 2-31 所示为增强型电力 MOSFET 的转移特性。当栅源电压 U_{GS} 为负或较小正值时，MOSFET 不会出现反型层而处于截止状态，即使加了漏源电压 U_{DS}，也没有漏极电流 I_D。当 U_{GS} 达到开启电压 U_T 时，MOSFET 开始出现反型层，进入导通状态。栅源电压 U_{GS} 越大，反型层越厚，即导电沟道越宽，可以通过的漏极电流就越大。

当 I_D 较大时，I_D 与 U_{GS} 的关系近似为线性，转移特性曲线的斜率被定义为

$$G_m = \frac{dI_D}{dU_{GS}} \tag{2-13}$$

2. 动态特性

动态特性主要影响电力 MOSFET 的开关过程。图 2-32 所示为 MOSFET 开关过程波形。MOSFET 的开关过程与 MOSFET 极间电容、信号源的上升时间、内阻等因素有关。极间电容的等效电路如图 2-33 所示。

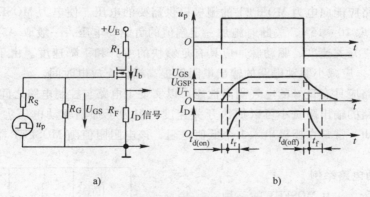

图 2-32　MOSFET 开关过程

a）测试电路　b）MOSFET 开关过程波形

u_p—脉冲信号源　R_S—信号源内阻　R_G—栅极电阻　R_L—负载电阻　R_F—检测漏极电流

由于 MOSFET 存在输入电容 $C_{in} = C_{GS} + C_{GD}$，使得栅极加上驱动信号时栅源电压 u_{GS} 呈指数曲线上升，当 U_{GS} 上升超过 U_T 时，开始出现漏极电流，这段时间称为开通延迟时间 $t_{d(on)}$，此后 I_D 随 U_{GS} 上升而上升。U_{GS} 从开启电压上升到 MOSFET 进入非饱和区的栅源电压

U_{GSP} 的这段时间称为上升时间 t_r，这时，漏极电流 I_D 达到稳定值。I_D 的稳态值由外部电路决定，U_{GSP} 的大小与 I_D 的稳态值有关。

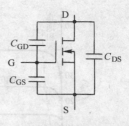

图 2-33　极间电容的等效电路

定义 MOSFET 的开通时间 $t_{on} = t_{d(on)} + t_r$。关断时，栅源电压 U_{GS} 随输入电容的放电按指数曲线下降，当 U_{GS} 下降到 U_{GSP} 时，I_D 才开始减小，这段时间称为关断延迟时间 $t_{d(off)}$。此 I_D 随 U_{GS} 减小而减小。当 $U_{GS} < U_T$ 时，MOSFET 截止，这段时间称为下降时间 t_f。定义 MOSFET 的关断时间 $t_{off} = t_{d(off)} + t_f$。

MOSFET 的开关速度与输入电容有很大关系。使用时可以通过降低驱动电路的输出电阻、减小栅极回路的充放电时间常数以加快开关速度。MOSFET 的开关时间很短，一般在 $10 \sim 100\mu s$ 之间，是电力电子器件中开关频率最高的器件。

三、电力 MOSFET 的主要参数

（1）漏源击穿电压 U_{DSM}。

（2）栅源击穿电压 U_{GSM}　MOSFET 栅源之间有很薄的绝缘层，栅源电压过高会发生介电击穿，在处于非工作状态时因静电感应引起的栅极上的电荷积聚，也可能造成绝缘层破坏。一般将栅源电压的极限值定为 $\pm 40V$。

（3）最大漏极电流 I_{DM}。

四、电力 MOSFET 的驱动

电力 MOSFET 是电压驱动型器件，具有极高的输入阻抗，所需的驱动功率小，驱动电路简单。

1. 电力 MOSFET 对栅极驱动电路的要求

1）驱动电路应能向电力 MOSFET 的栅极提供需要的电压。使电力 MOSFET 开通的栅源间驱动电压一般取 $10 \sim 15V$，关断时施加一定幅值的负驱动电压，一般取 $-5 \sim -15V$。

2）为了提高开关速度，驱动脉冲应具有足够快的上升和下降速度。由于 MOSFET 栅源极间电容的存在，应减小驱动电路的输出电阻以提高栅极充放电时间。

3）驱动电路应具有良好的电气隔离性能，以实现主电路与控制电路之间的隔离。

4）驱动电路的输出阻抗小可以加快开关速度，但为了抑制驱动电压尖峰，避免 MOSFET 过快的 du/dt，常常在栅极串入 1 个低值电阻，该电阻阻值随 MOSFET 器件额定电流的增大而减小。

2. 典型驱动电路举例

图 2-34 所示为电力 MOSFET 的一种驱动电路，它包括电气隔离和晶体管放大电路两部分。其中高速光耦合器将控制信号回路与驱动回路隔离。由 V_1、V_2 组成推挽式输出电路提高了开关速度。反向串联的稳压管对栅极提供过电压保护。当无输入信号时，高速放大器 A 输出负电平，

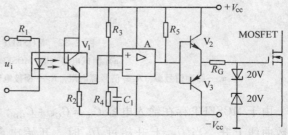

图 2-34　电力 MOSFET 的一种驱动电路

V_3 导通输出负驱动电压；当有输入信号时，A 输出正电平，V_2 导通输出正驱动电压。

因为驱动电路的设计是 MOSFET 应用的关键问题之一，所以几乎所有生产 MOSFET 的厂家在生产 MOSFET 的同时，都推出配套的栅极驱动电路。常见的专为驱动电力 MOSFET 而设计的混合集成电路有三菱公司的 M57918L，其输入信号电流幅值为 16mA，输出最大脉冲电流为 +2A 和 -3A，输出驱动电压 +15V 和 -10V。对于非隔离式 MOSFET 驱动电路，常用的有国际整流器公司 IR21××系列的专用集成电路芯片。该系列芯片有的具有内置悬浮电源电路，能有效地解决构成上下桥臂的开关器件驱动信号参考地分离的问题。

第六节　绝缘栅双极晶体管

绝缘栅双极型晶体管（Insulated-Gate Bipolar Transistor，IGBT）是 20 世纪 80 年代初为解决 MOSFET 的高导通压降、难以制成兼有高电压、大电流特性和 GTR 工作频率较低、驱动功率大等问题而出现的复合器件。IGBT 集 MOSFET 和 GTR 的优点于一身，既具有输入阻抗高、开关速度快、热稳定性好、驱动电路简单和驱动功率小等特点，又具有通态压降小、耐压高、电流大等优点，因此发展很快。目前，IGBT 已经成为中小功率电力电子设备或装置的主导器件。

一、IGBT 的基本结构和工作原理

图 2-35a 所示为 IGBT 的结构剖面图。由图可知 IGBT 是在功率 MOSFET 的基础上发展起来的，两者结构十分相似，不同之处在于 IGBT 比 VDMOSFET 多一层 P^+ 注入区，因而形成了一个大面积的 P^+N 结 J_1。这样使得 IGBT 导通时由 P^+ 注入区向 N 基区发射少子，从而对漂移区电导率进行调节，使得 IGBT 具有很强的通流能力。IGBT 也是一个三端器件，P^+ 引出电极称为集电极 C，VDMOS 的源区电极称为发射极 E，还有栅极 G。

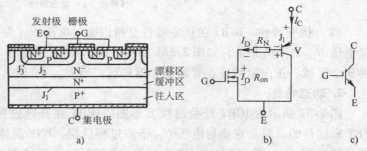

图 2-35　IGBT 的结构剖面图、简化等效电路和电气图形符号

a) 内部结构断面示意图　b) 简化等效电路　c) 电气图形符号

从结构图可以看出，IGBT 相当于一个 MOSFET 驱动的厚基区 GTR。由 N 沟道 MOSFET 和 PNP 晶体管组合而成的 IGBT 称为 N 沟道 IGBT，记为 N-IGBT。图 2-35b 所示为 N-IGBT 的简化等效电路，其电气图形符号如图 2-35c 所示。R_N 为晶体管基区内的调制电阻。因此，IGBT 的驱动原理与电力 MOSFET 基本相同，其开通和关断是由栅射电压来控制的。栅极施以大于开启电压的正电压 U_{GE} 时，MOSFET 内形成导电沟道，并为 PNP 管提供基极电流，从而使 IGBT 导通。此时，从 P^+ 区注入到 N^- 区的空穴（少子）对 N^- 区进行电导调制，使得 R_N 减小，这样耐高压的 IGBT 也就具有很小的通态压降。在栅极上施加负电压或不加电压时，MOSFET 内沟道消失，PNP 管基极电流被切断，IGBT 关断。

需要注意的是，IGBT 的反向耐压较低，目前 IGBT 模块总是将二极管同 IGBT 反并联封

装在一起。

二、IGBT 的基本特性

1. 静态特性

（1）转移特性　IGBT 的转移特性描述的是集电极电流 I_C 与栅射电压 U_{GE} 之间的关系，与功率 MOSFET 的转移特性相似，如图 2-36a 所示。开启电压 $U_{GE(th)}$ 是 IGBT 导通的最低栅射电压。在 IGBT 导通后的大部分漏极电流范围内，I_C 和 U_{GE} 呈线性关系。最高栅射电压受最大集电极电流限制，一般栅射电压的最佳值为 15V 左右。

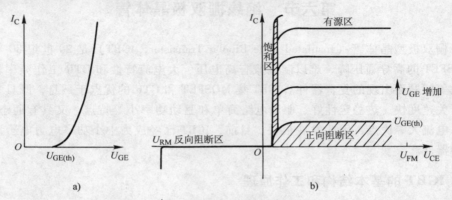

图 2-36　IGBT 的转移特性和输出特性

a）转移特性　b）输出特性

（2）伏安特性　IGBT 的伏安特性是指以栅射电压 U_{GE} 为变量时，集电极电流 I_C 与集射极电压 U_{CE} 之间的关系，如图 2-36b 所示。IGBT 的伏安特性与 GTR 的伏安特性相似，也分为 3 个区域：正向阻断区、有源区和饱和区。当 $U_{CE} < 0$ 时，IGBT 为反向阻断状态。

2. 动态特性

图 2-37 所示为 IGBT 开关过程波形图。IGBT 在开通过程中，大部分时间是作为 MOSFET 来运行的。只是在集射电压 U_{CE} 下降过程后期，PNP 晶体管由放大区至饱和区增加了一段延缓时间 t_{fv2}，使集射电压变为两段。IGBT 在关断过程中集电极电流分为两段，因为 MOSFET 关断后，PNP 晶体管中存储电荷难以迅速消除，造成集电极电流下降缓慢。可以看出，IGBT 中 PNP 晶体管的存在，使其开关速度低于电力 MOSFET。

三、IGBT 的擎住效应

从 IGBT 的结构上还可以看出，IGBT 的内部寄生着一个 $P^+ N^- P N^+$ 晶体管，其等效电路如图 2-38 所示。NPN 晶体管的基极与发射极之间存在一个区间短路电阻 R_s，在此电阻上，P 型区内的横向空穴流会产生一定压降，对 J_3 结来说相当于施加了一个正偏置电压。在规定的集电极电流范围内，这个正偏置电压不大，NPN 晶体管不会导通。当 I_c 大到一定程度时，它在 R_s 上产生的电压相当于给 NPN 管施加一个较高的正向电压。该正偏置电压足以使 NPN 管导通，进而使 NPN 和 PNP 管处于饱和导通状态，也即寄生晶闸管导通，栅极就失去控制作用，这就是所谓的擎住效应。另外，IGBT 在动态过程中，过高的 dU_{CE}/dt 也会引起寄生晶闸管导通，引起动态擎住效应。

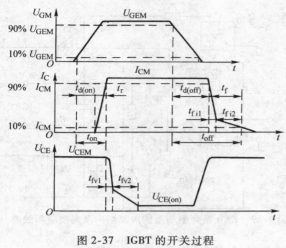

图 2-37 IGBT 的开关过程

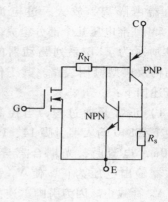

图 2-38 IGBT 的寄生
晶闸管等效电路

使用时必须防止 IGBT 发生擎住效应，否则有烧坏 IGBT 的可能，为此，设计电路时可采取限制集电极电流、加大栅极电阻以延长 IGBT 关断时间、缓解 dU_{CE}/dt 等措施。

四、IGBT 的驱动

IGBT 应用的关键问题之一是驱动电路的合理设计。由于 IGBT 的静态和动态特性随栅极驱动电路的变化而变化，因而如果驱动电路性能不好，可能造成 IGBT 的损坏。

1. IGBT 对驱动电路的要求

IGBT 对驱动电路的要求包括以下几个方面：

1）栅极驱动电压脉冲的上升率和下降率要充分大，以缩短 IGBT 开关时间，减小开关损耗。

2）在 IGBT 导通后，栅极驱动电路应提供足够的驱动功率，使 IGBT 不致退出饱和而损坏。

3）IGBT 栅极正向驱动电压一般为 15～20V。IGBT 在关断过程中，在栅极施加反偏电压，有利于 IGBT 的快速关断，反偏电压一般为 -2～-10V。

4）对于大电感负载，IGBT 的关断时间不宜过短，以限制 di/dt 所形成的尖峰电压。

5）IGBT 多用于高压场合，故驱动电路应与整个电路在电位上严格隔离。

6）IGBT 的驱动电路应尽可能简单、实用，最好带有对被驱动 IGBT 的完整保护能力。

7）IGBT 多用于高频开关电路，容易产生干扰，所以栅极驱动电路到 IGBT 模块的引线应尽可能短，引线应采用绞线或同轴电缆屏蔽线。

2. 典型 IGBT 驱动电路举例

IGBT 的驱动多采用专用的混合集成驱动器，这些专用驱动电路抗干扰能力强、集成化程度高、速度快、保护功能完善，是实现 IGBT 的最优驱动。常用的驱动器有三菱公司的 M579 系列，如 M57962L、M57959L，富士公司的 EXB 系列，如 EXB840、EXB841、EXB850、EXB851。同一系列的不同型号其引脚和接线基本相同，只是适用被驱动器件的容量、开关频率及输入电流等参数有所不同。EXB 系统原膜驱动器是国内电力电子行业使用量较大的 IGBT 驱动器。EXB 系列驱动器由隔离、放大、过电流保护、5V 基准电压几个部分组成。图 2-39 所示为 EXB 系列驱动器的内部结构及典型应用线路。其工作原理概述如下：

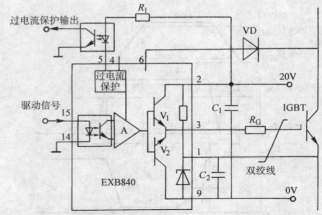

图 2-39　EXB 系列驱动器的内部结构及典型应用线路

1）正常开通过程，当控制电路使 EXB840 输入端引脚 14、15 流过 10mA 电流时，光耦合器导通，放大器输出电压为正，使 V_1 管导通，V_2 管截止。因为引脚 1 连接内部基准 5V 电位，所以开通时从引脚 3、1 输出 15V 驱动电压，通过栅极电阻 R_G，向 IGBT 提供电流使之导通。

2）正常关断过程，输入端无电流时，光耦合器不通，放大器输出低电平使 V_1 截止，V_2 导通，EXB840 引脚 3、1 输出 -5V 电压使 IGBT 关断。

3）过电流保护，EXB 的引脚 6 通过快恢复二极管与 IGBT 集电极连接。正常导通时，IGBT 电压 U_{CE} 较小，VD 导通；当发生过电流或短路时，IGBT 承受大电流而退出饱和，U_{CE} 上升很多，VD 截止。EXB840 检测到过电流或短路信号后，放大器 A 输出为低，使 V_1 截止，V_2 导通，这同样也关断 IGBT；同时，在引脚 5 产生一个低电平的过电流输出信号。

第七节　其他电力电子器件

一、MOS 控制晶闸管 MCT

MCT（MOS Controlled Thyristor）也称 MOS 控制的 GTO，是一种集成度远高于 GTO 且以晶闸管-MOSFET 复合器件为集成单元的大功率集成开关器件。每个单元由 1 个晶闸管、1 个控制该晶闸管开通的 MOSFET（ON-FET）和 1 个控制该晶闸管关断的 MOSFET（OFF-FET）组成，其等效电路如图 2-40 所示。

MCT 的导通与普通晶闸管一样，通过在门极施加正电压触发导通；MCT 的关断与 GTO 一样，通过对门极施加一个与开通信号极性相反的控制信号实现，即 OFF－FET 导通，使 PNP 发射极-基极短路而使晶闸管关断。

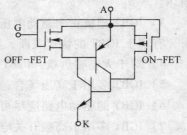

图 2-40　MCT 的等效电路

MCT 的特点：

1）通态压降小，为 IGBT 的 1/3，约为 1.1V。

2）电导调制效应极强，其通态电阻几乎不随额定阻断电压的提高而增大。

3）开关速度快，开关损耗小，工作频率可超过 20kHz。

4）di/dt、du/dt 的耐量极高。

5）工作温度高，可达 250℃。

6）门极驱动电路简单。

7）器件的阻断电压高，电流容量大。

从性能上看，MCT 是十分理想的电力电子器件，所以 MCT 自 20 世纪 80 年代问世以来曾一度成为研究的热点。但是由于 MCT 的结构过于复杂，对生产设备的要求过高，成品率太低等原因，使得 MCT 的生产和应用陷于停滞状态。

二、静电感应晶体管 SIT

SIT（Static Induction Transistor）也称为功率结型场效应晶体管，简称 JFET。SIT 是一种多子导电的器件，即单极型器件，具有输出功率大、失真小、输入阻抗高、开关特性好、热稳定性好等优点。SIT 的工作频率与电力 MOSFET 相当，可达数十兆赫兹；SIT 器件在结构设计上能方便地实现多元集成，因而适合作为高压大功率器件。SIT 不仅可以工作在开关状态，用做大功率电流开关；也可以作为功率放大器，用于高频放大器、大功率中频广播发射机等方面。

但是 SIT 在栅极不加任何信号时是导通的，栅极加负偏压时关断，属于正常导通型器件，因此使用不太方便。此外，SIT 通态电阻较大，使得通态损耗也大。因而 SIT 还未得到广泛应用。

三、静电感应晶闸管 SITH

SITH（Static Induction Thyristor）也称场控晶闸管（Field Controlled Thyristor，FCT）或双极静电感应晶闸管（BSITH）。SITH 是 SIT 与功率二极管的纵向集成，只比 SIT 在底部多一个 PN 结，与 IGBT 同 VDMOS 的关系类似。由于比 SIT 多了 1 个具有少子注入功能的 PN 结，因而 SITH 是两种载流子导电的双极型器件，具有电导调制效应，通态压降低，通流能力强。SITH 的很多特性与 GTO 类似，但 SITH 为场控器件，其动态特性比 GTO 优越得多，是大容量的快速器件。

可是由于 SITH 的制造工艺比较复杂，成本比较高，所以它的发展受到影响。

四、集成门极换流晶闸管 IGCT

IGCT（Integrated Gate-Commutated Thyristor）是 20 世纪 90 年代后期出现的新型电力电子器件。IGCT 是将 GTO 与反并联二极管和门极驱动电路集成在一起的集成功率器件，所以也称为 GCT（Gate – Commutated Thyristor）。

IGCT 结合了晶体管和晶闸管两种器件的优点，即晶体管稳定的关断能力和晶闸管低通态损耗。IGCT 在导通期间发挥晶闸管的性能，关断阶段呈类似晶体管的特性。IGCT 的容量与 GTO 相当，而开关速度比 GTO 快 10 倍，且可以省去 GTO 应用时庞大而复杂的缓冲电路。IGCT 还像 GTO 一样具有制造成本低、成品率高的特点，有极好的应用前景。

五、IEGT 注入增强栅晶体管

IEGT 是日本东芝公司开发的新型电力电子器件，它继承了 IGBT 的电压驱动、控制功率小、安全工作区窄、开关损耗小及 GTO 的输出功率大、低通态压降、阳-阴极间载流子密度高等优点，而抛弃了 IGBT 高饱和压降、发射极载流子密度低及 GTO 安全工作区窄、电流驱动功率大、开关损耗大等缺点。其在高载波频率工作条件下具有明显的优势。IEGT 是在沟槽型 IGBT 的基础上，把部分沟道同 P 基区相连，使发射区注入增强，造成基区内的载流子浓度很高，从而使器件的通态整体压降进一步减小。

IEGT 具有大容量和高开关频率的特性，适用于高压、大电流的应用场合。

六、功率模块与功率集成电路

从 20 世纪 80 年代中后期开始，模块化成为电力电子器件研制和开发的一种趋势。模块化的一种形式是，根据典型电力电子线路所需要的拓扑结构，将多个相同的电力电子器件或多个相互配合使用的不同的电力电子器件封装在一个模块中。图2-41所示是 IGBT 半桥模块。这种模块称为功率模块（Power Module）。模块化可缩小装置体积，降低成本，提高可靠性，对工作频率高的电路，可大大减小线路电感，从而简化对保护和缓冲电路的要求。

模块化的另一种形式是，将器件与逻辑、控制、保护、传感、检测、自诊断等信息电子电路制作在同一芯片上，称为功率集成电路（Power Integrated Circuit，PIC）。类似功率集成电路的还

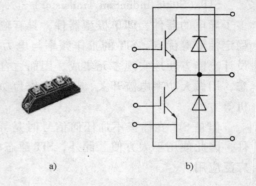

a)　　　　　　　b)

图 2-41　IGBT 半桥模块
a) 外形　b) 电路结构

有许多，但实际上各有侧重。高压集成电路（High Voltage IC，HVIC）一般指横向高压器件与逻辑或模拟控制电路的单片集成。智能功率集成电路（Smart Power IC，SPIC）一般指纵向功率器件与逻辑或模拟控制电路的单片集成。智能功率模块（Intelligent Power Module，IPM）则专指 IGBT 及其辅助器件与其保护和驱动电路的单片集成，也称智能 IGBT（Intelligent IGBT）。

功率集成电路实现了电能和信息的集成，大大简化了用户电路设计和参数调整工作，成为了机电一体化的理想接口。功率集成电路的主要技术难点在于高低压电路之间的绝缘问题以及温升和散热的处理。

第八节　电力电子器件的保护

电力电子器件体积小，功率密度大，承受过电压和过电流的能力差，若使用不当，短时间的过电压和过电流就会使器件损坏。因此，在电力电子电路中，除了保证电力电子器件参数的合理选择和驱动电路的良好设计外，采用合适的过电压、过电流、抑制 di/dt 和 du/dt 等保护措施也是十分必要的。

一、过电压保护

电力电子装置中可能产生的过电压分为外因过电压和内因过电压两类。外因过电压主要来自雷击和系统中的由分闸、合闸等开关操作引起的。电力电子装置中，电源变压器等储能元器件，会在开关操作瞬间产生很高的感应电压。

内因过电压主要来自电力电子装置内部器件的开关过程，包括：

（1）换相过电压 由于晶闸管或者与全控型器件反并联的续流二极管在换相结束后不能立刻恢复阻断能力，因而有较大的反向电流流过，使残存的载流子恢复，而当其恢复了阻断能力时，该反向电流急剧减小，会由线路电感在器件两端感应出过电压。

（2）关断过电压 指全控型器件关断时，正向电流迅速降低而由线路电感在器件两端感应出的过电压。

电力电子电路中常见的过电压有交流侧过电压和直流侧过电压。常用的过电压保护措施及配置位置如图 2-42 所示。

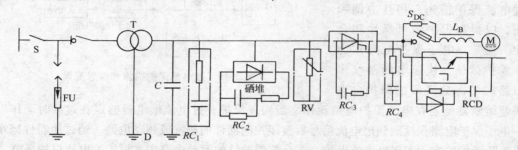

图 2-42　过电压保护措施及配置位置

过电压保护所使用的元器件有阻容吸收电路、非线性电阻元件硒堆和压敏电阻等，其中 RC 过电压抑制电路最为常见。由于电容两端电压不能突变，所以能有效抑制尖峰过电压。串联电阻能消耗部分产生过电压的能量，并抑制回路的振荡。

视变流装置和保护配置点不同，过电压保护电路可以有不同的连接方式。图 2-43 所示为 RC 过电压抑制电路用于交流侧过电压抑制的连接方式。

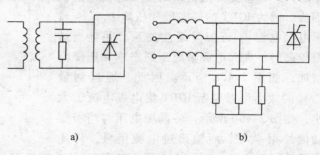

图 2-43　RC 过电压抑制电路
a）单相 b）三相

图 2-44 所示为用于桥式变流器的 IGBT 模块的 3 种抑制过电压的缓冲电路。其中，图 a 电路适用于 50A 以下小容量 IGBT；图 b 电路适用于 200A 以下中等容量 IGBT，图 c 电路适

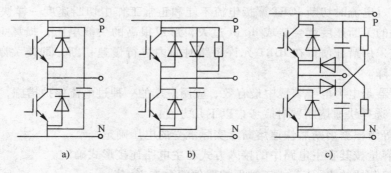

图 2-44　IGBT 的过电压抑制电路

用于 200A 以上大容量 IGBT。

二、过电流保护

过电流分为过载和短路两种情况。过电流保护常采用的有快速熔断器、直流快速断路器、过电流继电器保护措施，以晶闸管变流电路为例，其位置配置如图 2-45 所示。

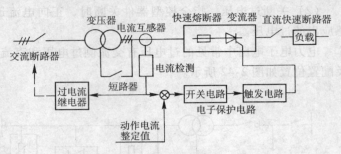

图 2-45　过电流保护措施和位置配置

实际应用中常常同时采用几种过电流保护措施，相互协调和补充，以提高保护的可靠性和合理性。通常，电子保护电路作为第一保护措施，快速熔断器仅作为短路时的部分区段的保护，直流快速熔断器整定在电子保护电路动作之后实现保护，过电流继电器整定在过载时动作。

电子保护电路在检测到过电流信号后直接控制器件的触发或驱动电路，通过使器件减小电流或关断器件的方式实现过电流保护。在全控型器件的驱动电路中常设置过电流保护环节。

过电流信号可以利用电流传感器直接检测电路或器件电流的方法获得。IGBT 过电流信号的另一种检测方法是采用集 – 射极电压识别法。因为 IGBT 的通态饱和压降 $U_{CE(sat)}$ 与集电极电流 I_C 近似呈线性关系，并且当结温较高时，在大电流情况下通态饱和压降会增加，如图 2-46a 所示。因此，通过测量 U_{CEM} 的大小可以判断 IGBT 集电极电流的大小，如图 2-46b 所示，将漏极电压与门极驱动信号相"与"后输出过电流信号，将此信号反馈到主控电路以实现过电流保护。有些集驱动、保护等功能为一体的集成电路就采用此方法，这在第六节 IGBT 驱动电路中

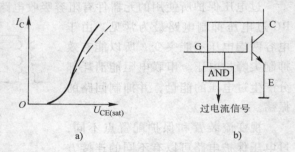

图 2-46　IGBT 的过电流检测
a）通态饱和压降与集电极电流的关系
b）过电流检测电路

已介绍过。在 IGBT 的具体应用中，过电流保护还需要注意两个问题：一是识别时间；二是保护切断速度。从识别出过电流信号至切断门极信号的这段时间必须小于 IGBT 允许短路过电流的时间。过电流时切断 IGBT 漏极电流不能和正常工作中切断速度一样快，因为过电流幅度大，过快的关断速度就会造成 $\mathrm{d}i/\mathrm{d}t$ 过大，形成很高的尖峰电压，损坏 IGBT 和其他器件。因此，应采用措施使得在 IGBT 允许短路时间内进行慢速切断，即使关断时 IGBT 栅射电压较慢地下降。

快速熔断器是电力电子装置中最有效、应用最广的一种过电流保护措施，熔断时间可达到 5ms 以下。选择快速熔断器时应考虑以下几方面：

1）电压等级根据熔断后快速熔断器实际承受的电压确定。

2）电流容量按其在主电路中的接入方式和主电路连接形式确定。

3）快速熔断器的 I^2t 值应小于被保护器件的允许 I^2t 值。

4）为保证熔体在正常过载情况下不熔化，应考虑其时间-电流特性。

快速熔断器对器件的保护方式可分为：全保护和短路保护两种。全保护是指不论过载还是短路均由快速熔断器进行保护，适用于小功率装置或器件裕度较大的场合。短路保护方式是指快速熔断器只在短路电流较大的区域起保护作用。快速熔断器一般应用于短路电流保护场合。

快速开关用在直流电路中，它的完全分断时间最快为 10ms。而过电流继电器动作时间更长，一般为几百毫秒。在实际装置中，为了避免经常更换快速熔断器，一般需用较小容量快速开关或过电流继电器，而同时选用较大容量的快速熔断器。这样，在发生过电流时，快速开关或过电流继电器首先动作，即使动作速度不如快速熔断器，同样也可以保护器件。经过复位后，又可正常工作。

三、缓冲电路

缓冲电路（Snubber Circuit）又称吸收电路。其作用是在电力电子电路中起抑制器件的内因过电压、抑制 du/dt 和 di/dt，减小器件开关损耗的作用。缓冲电路分为关断缓冲电路和开通缓冲电路。关断缓冲电路又称 du/dt 抑制电路，用于吸收器件的关断过电压和换相过电压，抑制 du/dt，减小关断损耗。开通缓冲电路又称 di/dt 抑制电路，用于抑制器件开通时的电流过冲和 di/dt，减小器件的开通损耗。

图 2-47 所示为 IGBT 的一种缓冲电路的电路图。在无缓冲电路的情况下，IGBT 开通时

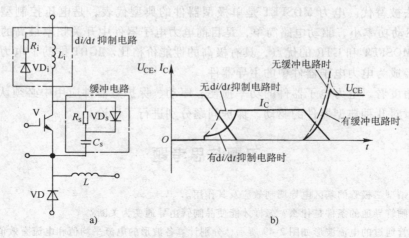

图 2-47　IGBT 典型缓冲电路及波形
a）电路　b）波形

电流迅速上升，di/dt 很大；关断时 du/dt 很大，并出现很高的过电压。在有缓冲电路的情况下，V 开通时 C_s 通过 R_s 向 V 放电，使 i_C 先上一个台阶，以后因有 L_i，i_C 上升速度减慢；V 关断时负载电流通过 VD_s 向 C_s 分流，减轻了 V 的负担，抑制了 du/dt 和过电压。VD_i 和 R_i 的作用是在 V 关断时，给 L_i 提供释放储能的回路。

图 2-48 所示为关断时的 i_C 和 u_{CE} 变化轨迹，称为

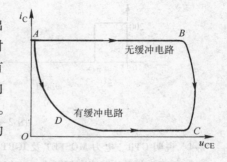

图 2-48　关断时的负载曲线

负载曲线。可见，有缓冲电路时，di/dt 和 du/dt 受到很好的抑制，负载曲线与坐标轴包围的区域变小，即关断损耗大大降低了。

小　结

电力电子器件是电力电子技术的基础。由于制造工艺和技术的不断进步，各种新型的电力电子器件层出不穷。掌握电力电子器件的性能和特点是应用的前提。本章讲述了电力电子器件的概念、特征和分类方法，重点介绍了几种常用电力电子器件的基本结构、工作原理、基本特性、主要参数以及驱动和保护等方面的问题。

根据器件内部参与导电的载流子性质分类，属于双极型器件的有电力二极管、晶闸管、GTO、GTR、SITH 等；属于单极型器件的有电力 MOSFET、肖特基势垒二极管、SIT 等。从导电机理上讲，单极型器件的共同特点是开关速度快；双极型器件因为具有电导调制效应，所以通态压降低，但开关速度慢。复合型器件结合了两者的优点，是新型器件的主要发展方向，代表性的器件有 IGBT、MCT、IGCT 等。

电力二极管、晶闸管、电力 MOSFET、IGBT 是几种典型的电力电子器件。本章从电力二极管入手，介绍了半导体器件的基本特性，即单向导电性、电导调制效应和击穿问题等。晶闸管是最早使用的电力电子器件，其应用广泛，特别是大功率应用场合，晶闸管及其派生器件依然无法被替代。电力 MOSFET 是单极型器件的典型代表，是电压控制型器件。电力 MOSFET 的驱动功率小，驱动电路简单，是目前电力电子器件中开关频率最高的器件。IGBT 结合了电力 MOSFET 和 GTR 的优点，具有极高的性能价格比。IGBT 推动了电力电子装置的实用化，已经成为电力电子器件中的主导器件。

从应用角度看，电力电子器件的功率损耗、驱动、保护是器件应用中必须认真考虑的几个问题。本章对几种典型器件的驱动、保护问题分别进行了讨论。

习题与思考题

2-1　说明结型二极管的基区电导调制效应及其作用。

2-2　使晶闸管导通的条件是什么？怎样才能使晶闸管由导通变为关断？

2-3　晶闸管通过的电流波形如图 2-49 所示，分别计算各波形的电流平均值和电流有效值。（不计安全裕量，分别选用晶闸管额定电流。）

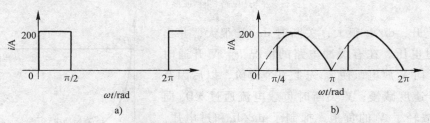

图 2-49　习题 2-3 的电流波形

2-4　说明 GTR、电力 MOSFET 及 IGBT 各自的优缺点。

2-5　IGBT 对驱动电路有何要求？如何实现对 IGBT 的过电流保护？

第三章　交流-直流变换电路
（AC-DC Converter）

直接将交流电能转换为直流电能的电路称为交流-直流变换（AC-DC）电路，通常称之为整流电路。将交流电转换为直流电的过程也就是变换过程。这种变换可以是双向的。功率由交流电源侧流向负载的变换称为"整流"，相应的装置称之为整流器（Rectifier）。功率由负载侧流向交流电源侧的变换称为"有源逆变"。本章重点讨论以晶闸管为主控器件的可控整流电路。分析和研究其工作原理、基本数量关系，特别重视波形的分析，以及负载性质对整流电路的影响。在上述分析讨论的基础上，对整流电路的有源逆变工作状态、谐波和功率因数进行分析。最后介绍相位控制电路的驱动控制。

第一节　概　　述

在生产实际中，往往需要电压可调的直流电源。如直流电动机的调速、同步电动机的励磁、电镀、电焊、通信系统的基础电源等。利用晶闸管的可控单向导电性，就可以很方便地组成可控整流装置，把交流电源变成电压大小可调的直流电源。

对整流电路而言，直流输出电压平均值、电流平均值、网侧谐波电流及功率因素等都是重要的指标。不同的整流电路也具有不同的性能指标。通过对每个电路工作原理和电路的波形分析，可确定这些值的计算公式。整流电路有许多不同的形式，其分类方法大致有以下几种：

1. 按电路结构分类

（1）半波电路　每根电源进线流过单向电流。

（2）全波电路　每根电源进线流过双向的交变电流。

2. 按电路控制特点分类

（1）不可控电路　直流输出电压平均值不可改变，功率由电源流向负载。

（2）半控电路　直流输出电压平均值可以改变，功率由电源流向负载。

（3）全控电路　直流输出电压平均值可以改变，功率可以双向流通。

3. 按电源相数分类

（1）单相电路　输出电压为单脉波和双脉波。

（2）三相电路　输出电压为3脉波和6脉波。

（3）多相电路　输出电压为$P(P>6)$脉波。

4. 按电路的工作象限分类

（1）一象限整流器　输出电压电流值处于电压电流特性的第一象限。

（2）二象限整流器　输出电压电流值处于电压电流特性的第一象限或第三象限。

（3）四象限整流器　输出电压电流值可处于电压电流特性的四个象限。

分类方法不是唯一的，在各种教科书中会有所不同。另外，对下面将要介绍的各个电路而言，每个电路都可能包含了几种方法，而不仅是属于其中的一种分类方法。

第二节　单相可控整流电路

单相可控整流电路可分为单相半波、单相全波和单相桥式可控整流电路，它们所连接的负载性质不同都会有不同的特点。

在分析晶闸管整流电路的工作原理和波形时，为了便于分析，常把晶闸管和整流二极管看成是理想元件，即将导通时的正向管压降和关断时的漏电流均忽略不计，即都认为是零。晶闸管的导通和关断也都看成是瞬间完成的。

一、单相半波可控整流电路

1. 阻性负载

实际生活和生产中，电灯、电炉以及电焊、电解设备等都属于阻性负载。阻性负载的特点是：负载两端的电压和电流波形相同、相位相同，电阻负载只消耗电能，而不能储存和释放电能。

（1）工作原理　图 3-1 是单相半波可控整流电路带电阻负载的电路及其波形。图中 TR 为整流变压器，其二次电压瞬时值为

$$u_2 = \sqrt{2}U_2 \sin\omega t \tag{3-1}$$

在电源正半周，晶闸管 VT 承受正向电压，电角度 α 期间由于未加触发脉冲 u_g，VT 处于正向阻断状态而承受全部电压，负载 R_d 中无电流流过，负载上的电压 u_d 为零。在 $\omega t = \alpha$ 时，晶闸管 VT 被 u_g 触发导通，电源电压 u_2 全部加在 R_d 上（忽略管压降）。到 $\omega t = \pi$ 时，电压 u_2 过零，晶闸管 VT 中电流下降到小于其维持电流而关断，此时 i_d、u_d 均为零。在 u_2 的负半周，VT 承受反压，一直处于反向阻断状态，u_2 全部加在 VT 两端。到下一个周期，电路工作情况又重复上述过程。

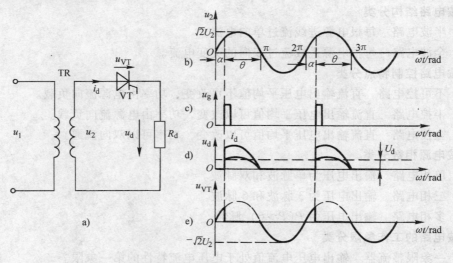

图 3-1　单相半波阻性负载可控整流电路及其波形

（2）关于可控整流电路的几个概念　定义晶闸管从承受正向电压起到触发导通之间的电角度为触发延迟角，又称控制角，用 α 表示；晶闸管在一个周期内导通的电角度称为导

通角，用 θ 表示；改变触发脉冲在每周期出现的时刻，称为移相；延迟角 α 从 0°到最大的区间称为移相范围。

（3）数量关系　根据图 3-1a 所示的电路，若控制角为 α，则晶闸管的导通角为

$$\theta = \pi - \alpha \tag{3-2}$$

根据波形图 3-1b 可求出整流输出电压平均值为

$$U_d = \frac{1}{2\pi}\int_\alpha^\pi \sqrt{2}U_2\sin\omega t\,d(\omega t) = 0.45U_2\frac{1+\cos\alpha}{2} = U_{d0}\frac{1+\cos\alpha}{2} \tag{3-3}$$

式中，$U_{d0} = 0.45U_2$，U_{d0} 表示 $\alpha = 0$ 时的输出电压。

式（3-3）表明，改变控制角 α，就可以改变整流输出电压的平均值，达到可控整流的目的。当 $\alpha = 0$ 时，$U_{d0} = 0.45U_2$，为最大值；当 $\alpha = \pi$ 时，$U_d = 0$。显然，单相半波可控整流电路带阻性负载的移相范围为 $0 \sim \pi$。

根据有效值的定义，整流输出电压的有效值为

$$U = \sqrt{\frac{1}{2\pi}\int_\alpha^\pi (\sqrt{2}U_2\sin\omega t)^2\,d(\omega t)} = U_2\sqrt{\frac{\sin2\alpha}{4\pi} + \frac{\pi-\alpha}{2\pi}} \tag{3-4}$$

根据欧姆定律，整流输出电流的平均值 I_d 和有效值 I 分别为

$$I_d = \frac{U_d}{R_d} \tag{3-5}$$

$$I = \frac{U}{R_d} \tag{3-6}$$

单相半波电路中，流过晶闸管的电流平均值为

$$I_{dVT} = I_d = U_d/R_d$$

晶闸管电流有效值 I_{VT} 与变压器二次电流 I_2 相等，均为

$$I_{VT} = I_2 = I = U/R_d$$

定义电流的波形系数 K_f 为

$$K_f = \frac{I}{I_d} = \frac{\sqrt{\dfrac{\sin2\alpha}{4\pi} + \dfrac{\pi-\alpha}{2\pi}}}{\dfrac{\sqrt{2}}{\pi}\dfrac{1+\cos\alpha}{2}} = \frac{\sqrt{\pi\sin\alpha + 2\pi(\pi-\alpha)}}{\sqrt{2}(1+\cos\alpha)} \tag{3-7}$$

式（3-7）表明，控制角 α 越大，波形系数 K_f 越大。

如果忽略晶闸管 VT 的损耗，则变压器二次侧输出的有功功率为

$$P = I^2 R_d = UI \tag{3-8}$$

忽略变压器一次侧损耗，电源的视在功率为

$$S = U_2 I_2 = U_2 I \tag{3-9}$$

故图 3-1 所示电路的功率因数为

$$\cos\varphi = \frac{P}{S} = \frac{UI}{U_2 I} = \frac{U}{U_2} = \sqrt{\frac{\sin2\alpha}{4\pi} + \frac{\pi-\alpha}{2\pi}} \tag{3-10}$$

从上式可知，功率因数 $\cos\varphi$ 是控制角 α 的函数，且 α 越大，$\cos\varphi$ 越小。当 $\alpha = 0$ 时，$\cos\varphi = 0.707 < 1$。由于相控整流电路中的电流存在谐波，即使是纯阻性负载，$\cos\varphi$ 也不会等于 1。电流波形如图 3-1d 所示。

由图 3-1e 波形可知，晶闸管 VT 承受的正反向峰值电压为变压器二次电压的最大值，即

$U_{TM} = \sqrt{2} U_2$。

例 3-1　单相半波可控整流电路，阻性负载，变压器二次电压 $u_2 = 110V$，要求输出平均电压为 45V，最大输出平均电流为 10A，计算控制角 α、功率因数 $\cos\varphi$ 以及 R_d、U、I_2、I_{VT}、I_{dVT}，考虑 2 倍的安全裕量，选择晶闸管型号。

解：（1）计算控制角 α

根据式（3-3），$U_d = 0.45 U_2 \ (1 + \cos\alpha) \ /2 = 45V$

$$\cos\alpha = \frac{2U_d}{0.45U_2} - 1 = \frac{2 \times 45V}{0.45 \times 110V} - 1 = 0.818, \quad \alpha = 35°$$

（2）计算负载电阻 R_d

已知 $U_d = 45V$，$I_d = 10A$，得

$$R_d = U_d / I_d = 45V / 10A = 4.5\Omega$$

（3）计算整流输出电压有效值 U

$$U = \sqrt{\frac{1}{2\pi} \int_\alpha^\pi (\sqrt{2} U_2 \sin\omega t)^2 \, d(\omega t)} = U_2 \sqrt{\frac{\sin 2\alpha}{4\pi} + \frac{\pi - \alpha}{2\pi}} = 76V$$

（4）计算变压器二次电流有效值 I_2

$$I_2 = I = U / R_d = 76V / 4.5\Omega = 16.9A$$

（5）计算流过晶闸管的电流平均值和有效值 I_{dVT}、I_{VT}

$$I_{dVT} = I_d = 10A$$

$$I_{VT} = I_2 = I = 16.9A$$

（6）计算功率因数 $\cos\varphi$

$$\cos\varphi = \frac{P}{S} = \frac{UI_2}{U_2 I_2} = \frac{U}{U_2} = \frac{76V}{110V} = 0.69$$

（7）选择晶闸管　考虑 2 倍安全裕量，晶闸管电压额定为 $U_M = 2 \times \sqrt{2} U_2 = 2 \times \sqrt{2} \times 110V = 311V$

晶闸管的额定电流为 $I_{T(AV)} = 2 \times \dfrac{I_T}{1.57} = 2 \times \dfrac{16.9A}{1.57} = 21.5A$

可选型号为 KP30-4 的晶闸管（额定电流 30A、额定电压 400V）。

2. 感性负载

实际生产中，很多负载是感性负载，如电动机、电抗器、电磁铁等。感性负载可以等效为电感 L 和电阻 R_d 串联。图 3-2 所示为带感性负载的单相半波可控整流电路图及各电量的波形。

（1）工作原理　整流电路带感性负载时的工作情况与带阻性负载不同。由于电感阻碍电流的变化，所以流过电感的电流不能突变。如果电感中的电流发生突变，将产生很大感应电动势 $e_L = -L di_d / dt$。

电源 u_2 正半周时，在 $\omega t_1 = \alpha$ 时刻触发晶闸管 VT，u_2 加到感性负载上。由于电感的存在，电流 i_d 只能从零开始上升，到 ωt_2 时刻达最大值，随后开始减小。到 ωt_3 时刻 u_2 过零开始变负时，i_d 并未下降到零，而在继续减小，这点不同于阻性负载。如果假定此刻晶闸管关断，i_d 变成零，就会像上面讲到的电感会产生很大的感应电动势，方向为下正上负，它与 u_2 叠加仍使晶闸管正偏，维持晶闸管导通。因此这时晶闸管是不会关断的，输出电压将跟

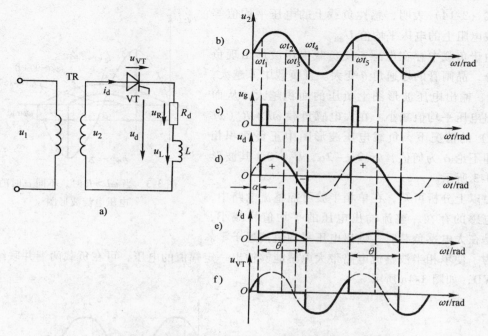

图 3-2 单相半波感性负载可控整流电路图及各电量的波形图

随 u_2 进入到负半周，即此时负载上的电压 u_2 为负值，而电感电流继续下降。直到 ωt_4 时刻，电感上的感应电动势与电源电压相等，i_d 下降到零，晶闸管 VT 关断。此时导通角 $\theta >$ $\pi - \alpha$。

晶闸管导通期间，回路电压瞬时值方程为

$$u_2 = u_R + u_L = u_R - e_L = i_d R_d + L \frac{di_d}{dt} \tag{3-11}$$

$$u_L = -e_L = L \frac{di_d}{dt} \tag{3-12}$$

从波形图 3-2b 可知，在 $\alpha \sim \pi$ 期间，负载上电压为正，在 $\pi \sim \alpha + \theta$ 期间负载上电压为负。因此，与阻性负载相比，感性负载上所得到的输出电压平均值变小了，其值可由下式计算：

$$
\begin{aligned}
U_d &= \frac{1}{2\pi} \int_{\alpha}^{\alpha+\theta} u_2 \mathrm{d}(\omega t) = \frac{1}{2\pi} \int_{\alpha}^{\alpha+\theta} (u_R + u_L) \mathrm{d}(\omega t) \\
&= \frac{1}{2\pi} \int_{\alpha}^{\alpha+\theta} u_R \mathrm{d}(\omega t) + \frac{1}{2\pi} \int_{\alpha}^{\alpha+\theta} u_L \mathrm{d}(\omega t) \\
&= U_{dR} + \frac{1}{2\pi} \int_{\alpha}^{\alpha+\theta} L \frac{di_d}{dt} \mathrm{d}(\omega t) \\
&= U_{dR} + \frac{\omega L}{2\pi} \int_{0}^{0} \mathrm{d}i_d \mathrm{d}(\omega t) \\
&= U_{dR}
\end{aligned}
\tag{3-13}
$$

一周期电感上的平均电压 $U_{dL} = 0$，所以

$$U_d = U_{dR} = \frac{1}{2\pi} \int_{\alpha}^{\alpha+\theta} u_R \mathrm{d}(\omega t) \tag{3-14}$$

式（3-14）表明，感性负载上的电压平均值等于负载电阻上的电压平均值 U_{dR}。

由于负载中存在电感，使负载电压波形出现负值部分，晶闸管的导通角 θ 变大。且负载中 L 越大，θ 越大，输出电压波形图上负压的面积越大，从而使输出电压平均值减小。在大电感负载 $\omega L \gg R$（$\omega L \geqslant 10R$）的情况下，负载电压波形图中正负面积相近，即不论 α 为何值，$\theta \approx 2\pi - 2\alpha$，$U_d = 0$，其波形如图 3-3 所示。

由以上分析可知，在单相半波可控整流电路中，由于电感的存在，整流输出电压的平均值将减小，特别是在大电感负载时，输出电压平均值接近于零。

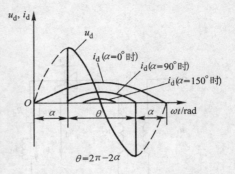

图 3-3　当 $\omega L \gg R$ 时，不同 α 时的电压电流波形图

为了使单相半波整流电路带大电感能够输出一定幅值的电压，可在负载两端并联续流二极管 VD，如图 3-4a 所示。

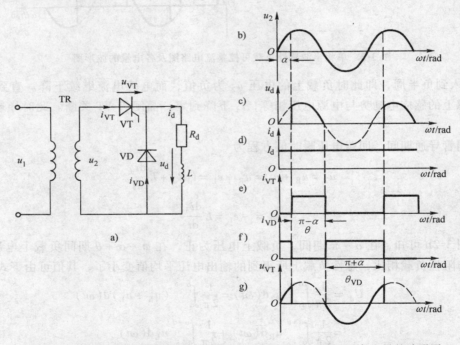

图 3-4　单相半波整流电路带大电感负载接续流二极管电路图及各电量的波形图

在电源电压正半周 $\omega t = \alpha$ 时刻触发晶闸管导通，二极管 VD 承受反压不导通，负载上电压波形和不加二极管时相同。当电源电压过零变负时，二极管受正向电压而导通，晶闸管被加上反向电压而关断，负载电流经二极管继续流通，故二极管 VD 称为续流二极管。此时负载上电压为零（忽略二极管压降），不会出现负电压。在 $\alpha \sim \pi$ 区间，晶闸管导通，负载电流通过晶闸管流通；在 $\pi \sim \pi + \alpha$ 区间，晶闸管关断，由续流二极管 VD 维持负载电流，因此负载电流是一个连续且平稳的直流电流。大电感负载时，负载电流波形近似为一条平行于横轴的直线，其值为 I_d，波形图如图 3-4d 所示。负载电流平均值由晶闸管和续流二极管共

同分担，流过它们的电流波形基本上是矩形波。

（2）数量关系　由于输出电压的波形与阻性负载相同，因此 U_d 的计算公式与式（3-3）相同，所以，电路的移相范围仍为 $0 \sim \pi$。

由图 3-4e 可得晶闸管的导通角 $\theta = \pi - \alpha$，则晶闸管的电流平均值为

$$I_{dVT} = \frac{\theta}{2\pi} I_d = \frac{\pi - \alpha}{2\pi} I_d \tag{3-15}$$

由图 3-4f 可得续流二极管的导通角 $\theta_{VD} = \pi + \alpha$，续流二极管电流平均值为

$$I_{dVD} = \frac{\theta_{VD}}{2\pi} I_d = \frac{\pi + \alpha}{2\pi} I_d \tag{3-16}$$

流过晶闸管和续流二极管的电流有效值分别为

$$I_{VT} = \sqrt{\frac{\theta}{2\pi}} I_d = \sqrt{\frac{\pi - \alpha}{2\pi}} I_d \tag{3-17}$$

$$I_{VD} = \sqrt{\frac{\theta_{VD}}{2\pi}} I_d = \sqrt{\frac{\pi + \alpha}{2\pi}} I_d \tag{3-18}$$

晶闸管与续流二极管承受的最大电压均为 $\sqrt{2} U_2$。

单相半波可控整流电路的优点是线路简单、调整方便，其缺点是输出电压（电流）脉动大，且整流变压器二次绕组中存在直流电流分量，使铁心磁化，变压器容量不能被充分利用。若不使用整流变压器，则整流回路的直流电流直接流入电网，使电网波形畸变引起额外损耗。因此，单相半波可控整流电路只适用于小容量、波形要求不高的场合。

二、单相全控桥式整流电路

单相半波可控整流电路因其性能较差，实际中很少采用，在中小功率场合更多的是采用单相全控桥式整流电路。

1. 阻性负载

单相全控桥式整流阻性负载电路如图 3-5a 所示。其中 TR 为整流变压器，VT_1、VT_2、VT_3、VT_4 为 4 只晶闸管，组成了整流桥。

（1）工作原理　在电源电压 u_2 正半周，当 $\omega t_1 = \alpha$ 时触发晶闸管 VT_1、VT_4，电流通过 VT_1、R_d、VT_4、TR 二次侧形成回路。在此期间 VT_2、VT_3 承受反压而截止。当 u_2 过零时，I_d 下降至零，VT_1、VT_4 关断。

在 u_2 负半周，相应的控制角为 α 时，即在 $\omega t = \omega t_2$ 时刻触发晶闸管 VT_2、VT_3 导通，电流通过 VT_2、R_d、VT_3、TR 二次侧形成回路。在此期间 VT_1、VT_4 因承受反压而截止。当负半周电压过零时，VT_2、VT_3 因电流过零而关断。一个周期过后，又是 VT_1、VT_4 被触发导通，如此循环下去。

很明显，上述两组触发脉冲在相位上应相差 $180°$，这就形成了图 3-5b ~ f 所示的单相全控桥式整流电路输出电压、电流的波形图。

由于在电源的正、负半周都能实现整流，所以电路称为全波整流电路，其输出电压脉动程度比半波要小。变压器二次绕组中，两个半周的电流方向相反且波形对称（见图 3-5f），因此不存在直流磁化问题，变压器利用率较高。

（2）数量关系　整流输出电压的平均值为

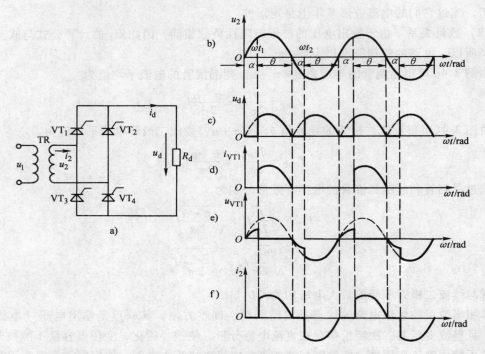

图 3-5　单相全控桥式整流电路带阻性负载电路及波形图

$$U_d = \frac{1}{\pi}\int_\alpha^\pi \sqrt{2}U_2\sin\omega t \mathrm{d}(\omega t) = \frac{\sqrt{2}}{\pi}U_2(1+\cos\alpha) = 0.9U_2\frac{1+\cos\alpha}{2} \tag{3-19}$$

由上式可知，$\alpha = \pi$ 时，$U_d = 0$，为最小值；$\alpha = 0$ 时，$U_{d0} = 0.9U_2$，为最大值。所以单相全控桥式整流电路带阻性负载时，α 的移相范围是 $0 \sim \pi$。

整流输出电压的有效值为

$$U = \sqrt{\frac{1}{\pi}\int_\alpha^\pi (\sqrt{2}U_2\sin\omega t)^2 \mathrm{d}(\omega t)} = U_2\sqrt{\frac{\sin 2\alpha}{2\pi} + \frac{\pi-\alpha}{\pi}} \tag{3-20}$$

输出电流的平均值和有效值分别为

$$I_d = \frac{U_d}{R_d} = 0.9\frac{U_2}{R_d}\frac{1+\cos\alpha}{2} \tag{3-21}$$

$$I = \frac{U}{R_d} = \frac{U_2}{R_d}\sqrt{\frac{\sin 2\alpha}{2\pi} + \frac{\pi-\alpha}{\pi}} \tag{3-22}$$

流过每个晶闸管的平均电流为输出电流平均值的一半，即

$$I_{dVT} = \frac{1}{2}I_d = 0.45\frac{U_2}{R_d}\frac{1+\cos\alpha}{2} \tag{3-23}$$

流过每个晶闸管的电流有效值为

$$I_{VT} = \sqrt{\frac{1}{2\pi}\int_\alpha^\pi \left(\frac{\sqrt{2}U_2}{R_d}\sin\omega t\right)^2 \mathrm{d}(\omega t)}$$

$$= \frac{U_2}{\sqrt{2}R_d}\sqrt{\frac{\sin 2\alpha}{2\pi} + \frac{\pi-\alpha}{\pi}} = \frac{1}{\sqrt{2}}I \tag{3-24}$$

变压器二次电流有效值为

$$I_2 = \sqrt{\frac{1}{\pi}\int_\alpha^\pi \left(\frac{\sqrt{2}U_2}{R_d}\sin\omega t\right)^2 \mathrm{d}(\omega t)} = I \tag{3-25}$$

一个周期内晶闸管承受的最大正反向电压为$\sqrt{2}U_2$。

负载电流的波形系数为

$$K_f = \frac{I}{I_d} = \frac{\sqrt{\pi\sin2\alpha + 2\pi(\pi - \alpha)}}{2(1 + \cos\alpha)} \tag{3-26}$$

电路的功率因数为

$$\cos\varphi = \frac{P}{S} = \frac{UI}{U_2 I} = \frac{U}{U_2} = \sqrt{\frac{\sin2\alpha}{2\pi} + \frac{\pi - \alpha}{\pi}} \tag{3-27}$$

（3）单相全控桥式整流电路与半波整流电路比较

1）移相范围相等，均为 $0 \sim \pi$。

2）输出电压平均值 U_d 为半波整流电路的 2 倍。

3）在相同的负载功率下，流过晶闸管的平均电流减小一半。

4）功率因数提高$\sqrt{2}$倍。

例 3-2 如图 3-5 所示的单相全控桥式整流电路，要求输出平均电压 $U_d = 20 \sim 100\text{V}$ 连续可调，负载平均电流恒定为 20A，晶闸管最小触发角限制为 30°。计算变压器二次电流、电压，估算变压器容量及晶闸管导通角的变化范围，考虑 2 倍的安全裕量选择晶闸管。

解：（1）计算二次电压 U_2

已知 $\alpha_{min} = 30°$ 时，$U_{dmax} = 100\text{V}$，根据式（3-19）可得

$$U_2 = \frac{2U_d}{0.9(1 + \cos\alpha)} = \frac{2 \times 100\text{V}}{0.9(1 + \cos30°)} = 119\text{V}$$

（2）计算二次电流 I_2

当 $U_d = 20\text{V}$ 时，对应最大触发角 α_{max}，根据式（3-19）可得

$$\cos\alpha_{max} = \frac{2U_d}{0.9U_2} - 1 = \frac{2 \times 20\text{V}}{0.9 \times 119\text{V}} - 1 = -0.6265, \alpha_{max} = 129°$$

根据式（3-21）、式（3-25）可得：

$$\frac{I_2}{I_d} = \frac{\sqrt{\frac{1}{2\pi}\sin2\alpha + \frac{\pi - \alpha}{\pi}}}{0.9(1 + \cos\alpha)/2}$$

由上式可知，I_d 等于常数时，α 越大，I_2 越大。

代入 $\alpha_{max} = 129°$，$I_d = 20\text{A}$，得 $I_2 = 42.8\text{A}$。

（3）估算变压器容量 S

$$S = U_2 I_2 = 119\text{V} \times 42.8\text{A} \approx 5.1\text{kV} \cdot \text{A}$$

（4）计算电路的最大功率因数

α_{min}（30°）$\leqslant \alpha \leqslant \alpha_{max}$（129°）时，根据式（3-27）可得

$$\cos\varphi = \frac{P}{S} = \frac{UI}{U_2 I} = \frac{U}{U_2} = \sqrt{\frac{\sin2\alpha}{2\pi} + \frac{\pi - \alpha}{\pi}} = 0.357 \sim 0.985$$

当 $\alpha = 30°$ 时，功率因数为最大，即 $\cos\varphi = 0.985$。

（5）选择晶闸管

流过晶闸管的电流有效值为

$$I_{VT} = \frac{1}{\sqrt{2}}I = \frac{1}{\sqrt{2}}I_2 = \frac{1}{\sqrt{2}} \times 42.8A = 30A$$

考虑2倍的安全裕量，晶闸管的额定电流为

$$I_{T(AV)} = 2 \times \frac{I_{VT}}{1.57} = 2 \times \frac{30A}{1.57} = 38A$$

晶闸管电压额定为 $U_M = 2 \times \sqrt{2}U_2 = 2 \times \sqrt{2} \times 119V = 337V$

可选型号为 KP50 – 5 晶闸管（额定电流50A、额定电压500V）。

2. 感性负载

（1）工作原理　单相全控桥式整流电路带感性负载电路图及各电量波形如图3-6所示。当 $\omega L \gg R$ 时，称为大电感负载，负载电流波形连续，为一条水平线。

在电源电压 u_2 正半周时，晶闸管 VT_1、VT_4 承受正向电压，若在 $\omega t_1 = \alpha$ 时刻触发 VT_1、VT_4 导通，电流经 VT_1、负载、VT_4 和 TR 二次侧形成回路。由于大电感的存在，u_2 过零变负时，电感上的感应电动势使 VT_1、VT_4 继续导通，输出电压的波形出现了负值部分。

在电源电压 u_2 负半周时，晶闸管 VT_2、VT_3 承受正向电压，在 $\omega t_2 = \pi + \alpha$ 时刻触发 VT_2、VT_3 导通，VT_1、VT_4 受反压而关断，负载电流从 VT_1、VT_4 中换流至 VT_2、VT_3 中，这个过程称为换相。在 $\omega t = 2\pi$ 时电压过零，VT_2、VT_3 因电感中的感应电动势并不关断，直到下个周期 VT_1、VT_4 导通时，VT_2、VT_3 被加上反压才关断。

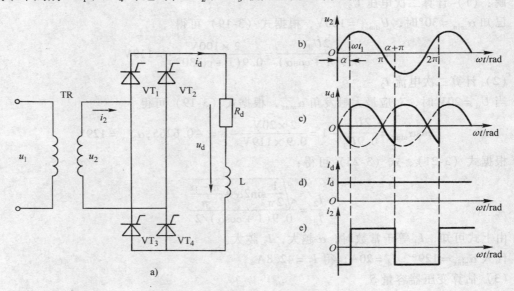

图 3-6　单相全控桥式整流电路带感性负载电路图及波形图

由图3-6b波形图可知，VT_1、VT_4 和 VT_2、VT_3 两组晶闸管的触发脉冲在相位上仍然相差180°。每组晶闸管的导通角为 $\theta = 180°$。整流输出电压波形出现负面积。当 $\alpha = 90°$ 时，正负面积相等，输出电压为零。因此这种电路控制角的移相范围是 0° ~ 90°。

（2）数量关系　整流输出电压的平均值为

$$U_d = \frac{1}{\pi}\int_{\alpha}^{\pi+\alpha}\sqrt{2}U_2\sin\omega td(\omega t) = \frac{2\sqrt{2}}{\pi}U_2\cos\alpha = 0.9U_2\cos\alpha \tag{3-28}$$

由上式可知，$\alpha = 90°$ 时，$U_d = 0$，为最小值；$\alpha = 0°$ 时，$U_{d0} = 0.9U_2$，为最大值。所以单相全控桥式整流电路带感性负载时，α 的移相范围是 $0° \sim 90°$。

由于电感不消耗能量，其两端的平均电压为零，因此计算平均电流时与阻性负载相同。因为电流波形为水平线，所以输出电流的平均值和有效值相等，即 $I_d = I$。

输出电流的平均值和有效值为

$$I_d = \frac{U_d}{R_d} = 0.9\frac{U_2}{R_d}\cos\alpha = I \tag{3-29}$$

流过每个晶闸管的平均电流为输出电流平均值的一半，即

$$I_{dVT} = \frac{1}{2}I_d = 0.45\frac{U_2}{R_d}\cos\alpha \tag{3-30}$$

流过每个晶闸管的电流有效值为

$$I_{VT} = \sqrt{\frac{1}{2\pi}\int_{\alpha}^{\pi+\alpha}\left(\frac{\sqrt{2}U_2}{R_d}\sin\omega t\right)^2 d(\omega t)} = \frac{1}{\sqrt{2}}I_d \tag{3-31}$$

变压器二次电流有效值为

$$I_2 = \sqrt{\frac{1}{\pi}\int_{\alpha}^{\pi+\alpha}\left(\frac{\sqrt{2}U_2}{R_d}\sin\omega t\right)^2 d(\omega t)} = I_d \tag{3-32}$$

需要说明的是，理想大电感负载是不存在的，故实际电流波形不可能是一条直线。如果负载中电感量不够大，电感中储存的能量不足以维持电流导通到 $\pi + \alpha$，负载电流波形将不连续。晶闸管的导通角 $\theta < 180°$，且电感量越小，晶闸管的导通角 θ 越小，电流开始断续的时刻就越早。

由于电感的存在，使输出电压 u_d 减小。为解决这一问题，在负载两端并联续流二极管 VD，使输出电压波形与电阻负载时相同，分析方法与单相半波整流电路负载侧并联续流二极管相同，在此不再赘述。

例 3-3 图 3-7a 所示为单相双半波整流电路，属大电感负载，电流波形连续。已知 $R_d = 10\Omega$，$U_2 = 55V$。计算整流输出电压，并画出 $\alpha = 60°$ 时的输出电压 u_d、晶闸管电压 u_{VT1} 的波形图。

解： 根据电路图可知，在电源正半周，电流经过 VT_1、R_d、L、整流变压器二次侧上半绕组形成通路；电源负半周，电流经过 VT_2、R_d、L、整流变压器二次侧下半绕组形成通路。由于正负半周都有电流流过，输出电压波形与单相桥式电路相同。由于是大电感负载，因此 U_d、I_d 可依据式（3-28）、式（3-29）计算：

代入已知条件，得

$$U_d = 0.9U_2\cos\alpha = 0.9 \times 55V \times \cos60° = 24.75V$$

$$I_d = \frac{U_d}{R_d} = \frac{24.75V}{10\Omega} = 2.475A$$

由波形图可见，单相双半波整流电路的输出电压、电流的波形与单相桥式整流电路相同。而晶闸管承受的最大正反向电压为 $U_{TM} = 2\sqrt{2}U_2$，为单相桥式电路的两倍。

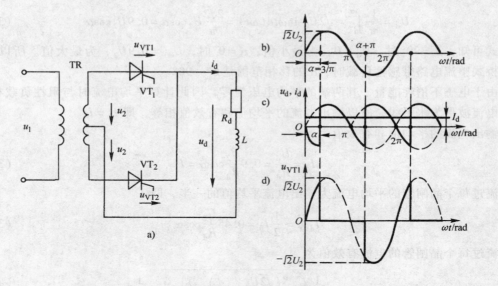

图 3-7　单相双半波全控式整流电路带感性负载电路图及其波形图

3. 反电动势负载

直流电动机、蓄电池、电容器等负载本身就具有一定的电动势，对于整流电路来说，这是一种反电动势性质的负载。其等效电路用电动势 E 和内阻 R 表示，如图 3-8 所示。

图 3-8 所示电路中，只有当电源电压 u_2 的瞬时值大于 E 时，晶闸管才承受正向电压，才能触发导通。当 $u_2 < E$ 时，晶闸管承受反向电压，即使门极加触发电压，晶闸管也不能导通。

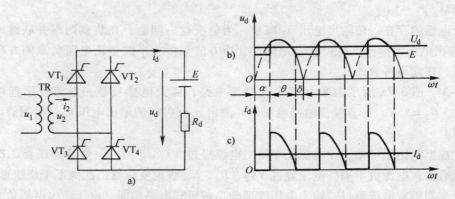

图 3-8　单相全控桥式整流电路反电动势负载电路图及其波形图

在晶闸管导通期间，$u_d = E + i_d R = u_2$，在晶闸管阻断期间，负载端电压保持为电动势 $u_d = E$。负载电流波形出现断流，晶闸管导通角 $\theta < 180°$，其波形如图 3-8b 所示。图中的 δ 称为停止导电角。

$$\delta = \arcsin \frac{E}{\sqrt{2} U_2} \tag{3-33}$$

整流输出电压为

$$U_d = E + \frac{1}{\pi} \int_{\alpha}^{\pi-\delta} (\sqrt{2}U_2 \sin\omega t - E) d(\omega t) \qquad (3-34)$$

如果单相桥式电路带反电动势感性负载，电感足够大，电流波形连续，输出电流可以看作是一条水平线。此时，负载电流的平均值为

$$I_d = \frac{U_d - E}{R_d} \qquad (3-35)$$

三、单相半控桥式整流电路

在单相全控桥式整流电路中，需要 4 只晶闸管，且触发电路要分时触发一对晶闸管，电路复杂。在实际应用中，可采用图 3-9a 所示的单相半控桥式整流电路。图中整流桥由两个晶闸管 VT_1、VT_2 和两个整流二极管 VD_3、VD_4 组成。

半控桥式整流电路带阻性负载时的工作情况与全控桥式整流电路完全相同，各参数的计算也相同，下面仅讨论大电感负载时的工作情况。

（1）工作原理　设电感足够大（$\omega L \gg R$），负载电流波形连续，其波形为一条水平线。各电量波形如图 3-9 所示。

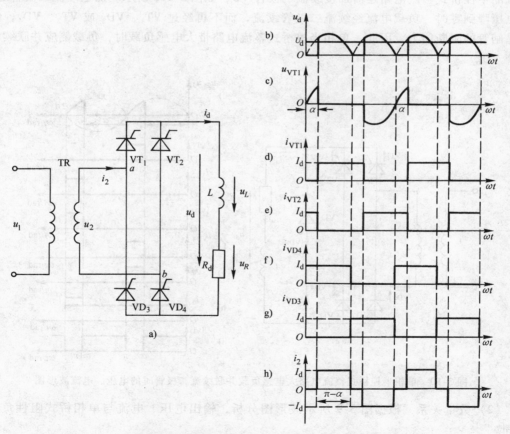

图 3-9　单相半控桥式整流电路带大电感负载时的电压、电流波形图

在电源电压 u_2 正半周，$\omega t_1 = \alpha$ 时刻触发 VT_1、VT_1 和 VD_4 导通，电流经 VT_1、负载、VD_4 和 TR 二次侧形成回路。由于电感的存在，u_2 过零变负时，VT_1 将继续导通。此时，a

点电位比 b 点低，二极管自然换流，从 VD_4 换到 VD_3，电流经 VT_1、负载、VD_3 形成回路，而不经过变压器二次绕组。忽略 VT_1、VD_3 的管压降，此时 $u_d = 0$，不会出现负电压。电源电压 u_2 负半周时，在 $\omega t_2 = \pi + \alpha$ 时刻触发 VT_2 导通，VT_2、VD_3 导通，VT_1 受反压而自然关断，电源通过 VT_2、VD_3 向负载供电。在 u_2 过零变正时，VT_2、VD_4 导通，$u_d = 0$。直到 VT_1 再次被触发导通，重复以上过程。

综上所述，单相半控桥式整流电路带大电感负载时的工作特点是：晶闸管在触发时刻换流，二极管则在电源电压过零时换流；由于自然续流的作用，整流输出电压的波形与全控桥电路带阻性负载相同，移相范围为 0° ~ 180°，U_d、I_d 的计算公式和全控桥式带阻性负载时相同；流过晶闸管和二极管的电流都是宽度为 180° 的方波，且与 α 无关；交流侧电流为正负对称的交变方波，宽度为 $\pi - \alpha$。每个器件的导通角均为 180°。

单相半控桥式整流电路带大感性负载时，虽本身有自然续流能力，似乎不需要另接续流二极管，但在实际使用中，当突然把控制角增大到 180° 或突然切断触发电路时，会发生正在导通的晶闸管一直导通，两个二极管轮流导通的现象。此时触发信号对输出电压失去了控制作用，我们把这种现象称之为失控。失控现象在使用中是不允许的，为消除失控，带感性负载的半控桥式整流电路还需加接续流二极管 VD，如图 3-10a 所示。加上续流二极管之后，当电压降到零时，负载电流经续流二极管续流，而不再经过 VT_1、VD_3 或 VT_2、VD_4，恢复了晶闸管的阻断能力。因此，单相半控桥式整流电路带大电感负载时，负载侧应并联续流二极管 VD。

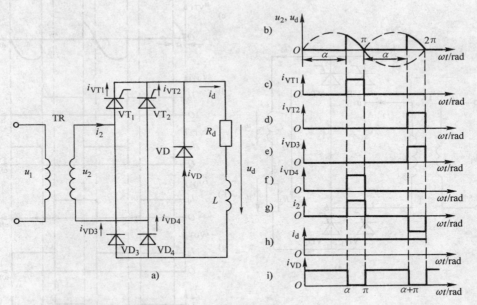

图 3-10　单相半控桥式整流电路大电感负载并联续流二极管时的电压、电流波形图

（2）数量关系　根据图 3-9 所示波形图分析，输出电压、电流与单相桥式阻性负载时相同。

输出电压平均值为

$$U_d = \frac{1}{\pi} \int_\alpha^\pi \sqrt{2} U_2 \sin\omega t \mathrm{d}(\omega t) = 0.9 U_2 \frac{1 + \cos\alpha}{2} \tag{3-36}$$

输出电流平均值为

$$I_\mathrm{d} = \frac{U_\mathrm{d}}{R_\mathrm{d}} = 0.9\frac{U_2}{R_\mathrm{d}}\frac{1+\cos\alpha}{2} \tag{3-37}$$

流过晶闸管和整流二极管的电流平均值为

$$I_\mathrm{dVT} = I_\mathrm{dVD} = \frac{\pi-\alpha}{2\pi}I_\mathrm{d} \tag{3-38}$$

流过晶闸管和整流二极管的电流有效值为

$$I_\mathrm{VT} = I_\mathrm{VD} = \sqrt{\frac{\pi-\alpha}{2\pi}}I_\mathrm{d} \tag{3-39}$$

流过续流二极管的电流平均值和有效值分别为

$$I_\mathrm{dVDR} = \frac{\alpha}{\pi}I_\mathrm{d} \tag{3-40}$$

$$I_\mathrm{VDR} = \sqrt{\frac{\alpha}{\pi}}I_\mathrm{d} \tag{3-41}$$

变压器二次绕组电流有效值为

$$I_2 = \sqrt{\frac{\pi-\alpha}{\pi}}I_\mathrm{d} = \sqrt{2}I_\mathrm{VT} \tag{3-42}$$

在一个周期内晶闸管承受的最大正反向电压为$\sqrt{2}U_2$。

第三节　三相可控整流电路

单相整流电路输出电压脉动较大，当负载容量较大时，还将造成电网三相电压的不平衡，影响其他用电设备的正常运行。因此，实用中常采用三相可控整流电路。由于三相可控整流电路具有输出电压脉动小、脉动频率高，网侧功率因数高以及动态响应快的特点，在中、大功率领域中获得了广泛的应用。

一、三相半波可控整流电路

1. 阻性负载

带阻性负载的三相半波可控整流电路如图3-11a所示。图中将3个晶闸管的阴极连在一起，这种接法称为共阴极接法（若将3个晶闸管的阳极连在一起，则称为共阳极接法），3个阳极分别接到变压器二次侧，变压器为△/Y接法。共阴极接法时触发电路有公共端，接线比较方便，应用更为广泛。下面介绍共阴极接法。

（1）工作原理　在$\omega t_1 \sim \omega t_2$期间，a相电压比b、c相都高，如果在$\omega t_1$时刻触发晶闸管$VT_1$导通，负载上得到a相电压$u_\mathrm{a}$；在$\omega t_2 \sim \omega t_3$期间，b相电压最高，若在$\omega t_2$时刻触发$VT_2$导通，负载上得到b相电压$u_\mathrm{b}$，与此同时，$VT_1$因承受反压而关断；若在$\omega t_3$时刻触发$VT_3$导通，负载上得到c相电压$u_\mathrm{c}$，并关断$VT_2$。如此循环下去，输出的整流电压$u_\mathrm{d}$是一个脉动的直流电压，它是三相交流相电压正半周的包络线，在三相电源的一个周期内有3次脉动。输出电压、电流、晶闸管VT_1两端的电压波形如图3-11b ~ f所示。

如果将图中的3个晶闸管换成3个整流二极管，则电路为三相不可控整流电路。二极管

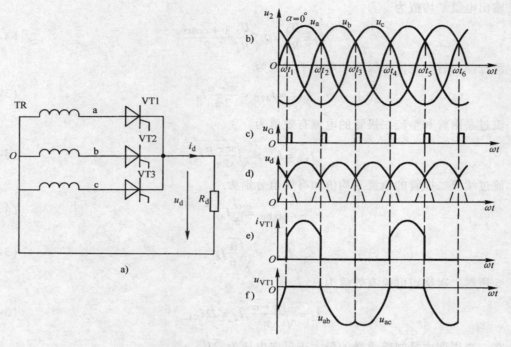

图 3-11　带阻性负载的三相半波可控整流电路及波形图

分别在 ωt_1、ωt_2、ωt_3 时刻自然换相。由图可知，ωt_1、ωt_2、ωt_3 分别滞后相电压 u_a、u_b、$u_c 30°$。ωt_1、ωt_2、ωt_3 分别对应为三相相电压的交点，这些交点称为自然换相点。

　　自然换相点是各相晶闸管能被正常触发导通的最早时刻，在该点以前，对应的晶闸管因承受反压，不能触发导通。所以在三相可控整流电路中，把自然换相点作为计算控制角 α 的起点，即该处 $\alpha = 0°$（注意：这与单相可控整流电路是不同的）。很明显，图 3-11 所示为三相半波可控整流电路在 $\alpha = 0°$ 时的输出电压、电流波形。

　　由于 3 个晶闸管的自然换相点互差 120°，所以 3 个触发脉冲也必须相差 120°，脉冲顺序与电源相序相同。若电源的相序为 $a \rightarrow b \rightarrow c$，则 3 个晶闸管的触发顺序为 $VT_1 \rightarrow VT_2 \rightarrow VT_3$。各相触发脉冲的间隔为 120°。

　　由图 3-11e 可以看出，变压器绕组中通过的电流 i_{VT1} 是直流脉动的，而晶闸管 VT_1 在一个周期内承受的电压波形分为 3 段：

　　1）$\omega t_1 < \omega t \leqslant \omega t_2$ 时，VT_1 导通，$u_{VT1} = 0$。

　　2）$\omega t_2 < \omega t \leqslant \omega t_3$ 时，VT_2 导通，VT_1 承受线电压 u_{ab}（$u_{ab} = u_a - u_b$），$u_{VT1} = u_{ab}$。

　　3）$\omega t_3 < \omega t \leqslant \omega t_4$ 时，VT_3 导通，VT_1 承受线电压 u_{ac}（$u_{ac} = u_a - u_c$），$u_{VT1} = u_{ac}$。

　　其他两相上的晶闸管承受的电压波形与 VT_1 相同，只是相位依次相差 120°。

　　若增大控制角，输出电压的波形发生变化。图 3-12 所示为 $\alpha = 60°$ 时的输出电压波形图。由图可见，当 $\omega t = 180°$ 时，由于 a 相电压过零，晶闸管 VT_1 关断，而此时晶闸管 VT_2 的触发脉冲还未到，所以此时输出电压为零，波形出现断续情况。VT_1 的导通角 $\theta = 90° < 120°$。由图 3-12 可进一步分析得出，$\alpha > 30°$ 时电压波形断续。当触发脉冲后移，各晶闸管的导通时刻也相应后移。若 $\alpha = 150°$（$\omega t = 180°$）时触发 VT_1，由于此时 a 相相电压过零，

VT$_1$ 不能触发导通。所以三相半波可控整流电路带阻性负载时的移相范围为 0°～150°。

由以上分析可知三相半波可控整流电路带阻性负载时有以下几个基本特点：

1）一个区间内只有 1 个晶闸管导通，每一周期内，3 个晶闸管轮流导通一次；

2）当 $\alpha = 0°$ 时，输出电压最大；$\alpha = 150°$ 时，输出电压为零，移相范围为 0°～150°；

3）当 $\alpha \leqslant 30°$ 时，负载电流波形连续，每个晶闸管导通角 $\theta = 120°$；

4）当 $\alpha > 30°$ 时，负载电流波形断续，每个晶闸管导通角 $\theta < 120°$；

5）晶闸管承受的最高正向电压为 $\sqrt{2}U_2$，最高反向电压为 $\sqrt{6}U_2$。

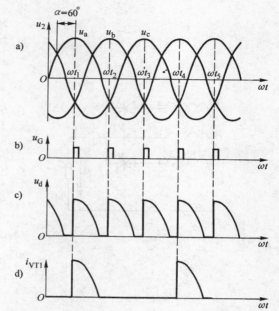

图 3-12 三相半波可控整流电路带阻性负载 $\alpha = 60°$ 时的波形图

（2）数量关系　对于三相半波可控整流电路带阻性负载时，由于电流波形有连续和断续之分，所以整流输出电压平均值 U_d 的计算公式也不同。α 在不同范围取值，需要代不同的公式。

当 0°≤α≤30° 时，电流波形连续，有

$$U_d = \frac{3}{2\pi} \int_{\frac{\pi}{6}+\alpha}^{\frac{5\pi}{6}+\alpha} \sqrt{2}U_2 \sin\omega t \, d(\omega t) = \frac{3\sqrt{6}}{2\pi} U_2 \cos\alpha = 1.17 U_2 \cos\alpha \tag{3-43}$$

当 30°≤α≤150° 时，电流波形断续，有

$$U_d = \frac{3}{2\pi} \int_{\frac{\pi}{6}+\alpha}^{\pi} \sqrt{2}U_2 \sin\omega t \, d(\omega t) = \frac{3\sqrt{2}}{2\pi} U_2 \left[1 + \cos\left(\frac{\pi}{6} + \alpha\right) \right]$$

$$= 0.675 U_2 \left[1 + \cos\left(\frac{\pi}{6} + \alpha\right) \right] \tag{3-44}$$

负载电流的平均值为

$$I_d = \frac{U_d}{R_d}$$

2. 感性负载

（1）工作原理　假设电感量足够大，整流电流波形连续且为水平线。图 3-13 所示为三相半波可控整流电路感性负载电路图及其波形图，图中 L 为平波电抗器。

当 $\alpha \leqslant 30°$ 时，u_d 的波形与阻性负载时相同。当 $\alpha > 30°$ 时，电感产生的自感电动势使晶闸管在电源电压由零变负时仍能继续维持导通，直到下一相晶闸管触发导通为止。每个晶闸管导通 120°，输出电压 u_d 的波形出现负值。由于电流波形连续，晶闸管承受的最大正反向电压均为 $\sqrt{6}U_2$。

（2）基本数量关系　当电感足够大时，整流电流波形连续且为水平线，整流电流的平均值和有效值相等，即 $I_d = I$；每个晶闸管每周期导通 120°，整流电压的平均值为

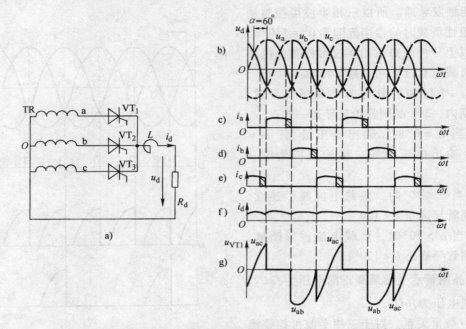

图 3-13　感性负载的三相半波可控整流电路图及 $\alpha = 60°$ 时的波形图

$$U_{d} = \frac{3}{2\pi} \int_{\frac{\pi}{6}+\alpha}^{\frac{5\pi}{6}+\alpha} \sqrt{2}U_{2}\sin\omega t d(\omega t) = \frac{3\sqrt{6}}{2\pi}U_{2}\cos\alpha = 1.17U_{2}\cos\alpha \tag{3-45}$$

$\alpha = 0°$ 时，$U_{d0} = 1.17U_{2}$；$\alpha = 90°$ 时，$U_{d} = 0$。α 的移相范围为 $0° \sim 90°$。

晶闸管的电流平均值和有效值分别为

$$I_{dVT} = \frac{1}{3}I_{d} \tag{3-46}$$

$$I_{VT} = \sqrt{\frac{1}{3}}I_{d} \tag{3-47}$$

　　三相半波可控整流电路只用 3 个晶闸管，接线简单，与单相电路比较，其输出电压脉动小、输出功率大、三相负载平衡。但是，整流变压器二次绕组在一个周期内只有 1/3 时间流过电流，变压器的利用率低。另外变压器二次绕组中电流是单方向的，其直流分量在磁路中产生直流不平衡磁动势，会引起附加损耗。如不用变压器，则中线电流较大，同时交流侧的直流电流分量会造成电网的附加损耗。

二、三相全控桥式整流电路

　　三相全控桥式整流电路是由一组共阴极接法的三相半波可控整流电路和一组共阳极接法的三相半波可控整流电路串联起来组成的，如图 3-14a 所示。为了便于表达晶闸管的导通顺序，把共阴极组的晶闸管依次编号为 VT_{1}、VT_{3}、VT_{5}，而把共阳极组的晶闸管依次编号为 VT_{4}、VT_{6}、VT_{2}。图 3-14 同时也给出了 $\alpha = 0°$ 时的波形图。

1. 工作原理

　　假设将电路中 6 个晶闸管换成 6 个整流二极管，则电路为不可控电路。相当于晶闸管触发角 $\alpha = 0°$ 时的情况。三相电压正、负半周各有 3 个自然换相点，6 个自然换相点依次相差

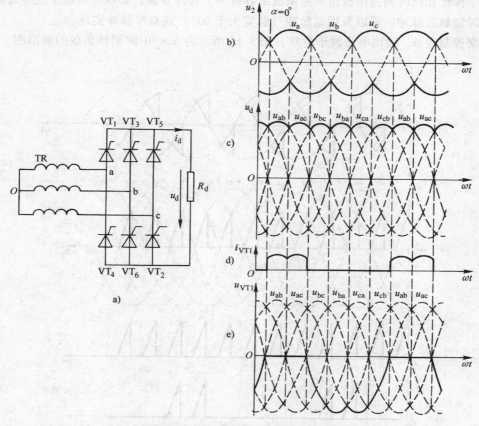

图 3-14　三相桥式可控整流电路带阻性负载时的电路图及 $\alpha = 0°$ 时的波形图

60°。对于共阴极组，阳极电位最高的器件导通；对于共阳极组，阴极电位最低的器件导通。6 个自然换相点把一个周期分成以下 6 段：

1）$\omega t_1 < \omega t \leqslant \omega t_2$ 时，共阴极组 VT_1 导通，共阳极组 VT_6 导通，$u_d = u_{ab}$。

2）$\omega t_2 < \omega t \leqslant \omega t_3$ 时，共阴极组 VT_1 导通，共阳极组 VT_2 导通，$u_d = u_{ac}$。

3）$\omega t_3 < \omega t \leqslant \omega t_4$ 时，共阴极组 VT_3 导通，共阳极组 VT_2 导通，$u_d = u_{bc}$。

4）$\omega t_4 < \omega t \leqslant \omega t_5$ 时，共阴极组 VT_3 导通，共阳极组 VT_4 导通，$u_d = u_{ba}$。

5）$\omega t_5 < \omega t \leqslant \omega t_6$ 时，共阴极组 VT_5 导通，共阳极组 VT_4 导通，$u_d = u_{ca}$。

6）$\omega t_6 < \omega t \leqslant \omega t_1$ 时，共阴极组 VT_5 导通，共阳极组 VT_6 导通，$u_d = u_{cb}$。

通过以上分析，可知三相全控桥式整流电路有以下几个基本特点：

1）任何时刻必须有两个晶闸管同时导通，一个为共阴极组，一个为共阳极组，以便形成通路。

2）晶闸管在组内换相，同组内晶闸管的触发脉冲互差 120°，由于共阴极组与共阳极组的自然换相点相差 60°，所以以每隔 60° 有一个元件换相。同一桥臂上的两个元件的触发脉冲互差 180°，元件的导通顺序为 $VT_1 \rightarrow VT_2 \rightarrow VT_3 \rightarrow VT_4 \rightarrow VT_5 \rightarrow VT_6 \rightarrow VT_1$。

3）输出电压的波形为线电压的一部分，一周期脉动 6 次。

4）变压器正负半周都有电流流过，所以没有直流磁化问题，变压器利用率较高。

为了保证任何时刻共阴极组和共阳极组各有一个元件导通，必须对两组中应导通的两个元件同时加触发脉冲。可以采用宽脉冲（脉宽大于 60°）或双窄脉冲实现。

改变控制角 α，输出电压波形后移，图 3-15 所示为 $\alpha=90°$ 时阻性负载的波形图。

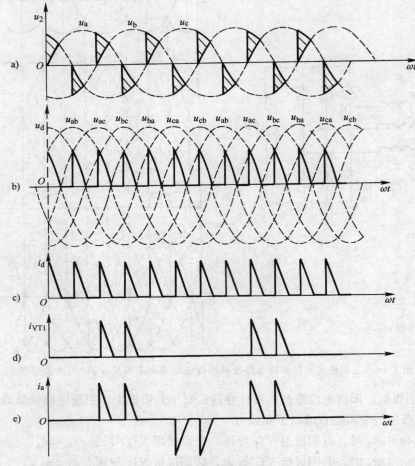

图 3-15   三相桥式可控整流电路带阻性负载，$\alpha=90°$ 时的波形图

2. 基本数量关系

若以 a 相的相电压 $u_a=\sqrt{2}U_2\sin\omega t$ 为参考，线电压 u_{ab} 的表示方法为

$$u_{ab}=\sqrt{3}\times\sqrt{2}U_2\sin(\omega t+30°)=\sqrt{6}U_2\sin(\omega t+30°)$$

若以线电压为参考，则 $\alpha=0°$ 时，$\omega t=60°$。因为三相桥式整流电路输出电压为线电压，所以以线电压为参考时积分计算比较方便。

（1）阻性负载   当 $0°\leqslant\alpha\leqslant60°$ 时，电流波形连续，一个波头为 60°，所以积分区间为 60°，整流电压平均值为

$$U_d=\frac{6}{2\pi}\int_{\frac{\pi}{3}+\alpha}^{\frac{2\pi}{3}+\alpha}\sqrt{6}U_2\sin\omega t\,\mathrm{d}(\omega t)=\frac{3\sqrt{6}}{\pi}U_2\cos\alpha=2.34U_2\cos\alpha \tag{3-48}$$

当 $60°\leqslant\alpha\leqslant120°$ 时，电流波形断续，一个波头小于 60°，所以积分区间小于 60°，整流电压平均值为

$$U_{\rm d} = \frac{6}{2\pi} \int_{\frac{\pi}{3}+\alpha}^{\pi} \sqrt{6} U_2 \sin\omega t \, {\rm d}(\omega t) = \frac{3\sqrt{6}}{\pi} U_2 \Big[1 + \cos\Big(\frac{\pi}{3} + \alpha \Big) \Big]$$

$$= 2.34 U_2 \Big[1 + \cos\Big(\frac{\pi}{3} + \alpha \Big) \Big] \tag{3-49}$$

积分上限到 π，移相范围为 $0° \sim 120°$。

（2）感性负载　当电感足够大时，整流电流波形连续且为水平线。图 3-16 所示为三相桥式可控整流电路大电感负载，$\alpha = 90°$ 时的波形图。整流电流的平均值和有效值相等 $I_{\rm d} = I$，每个晶闸管每周期导通 $120°$，整流电压的平均值为

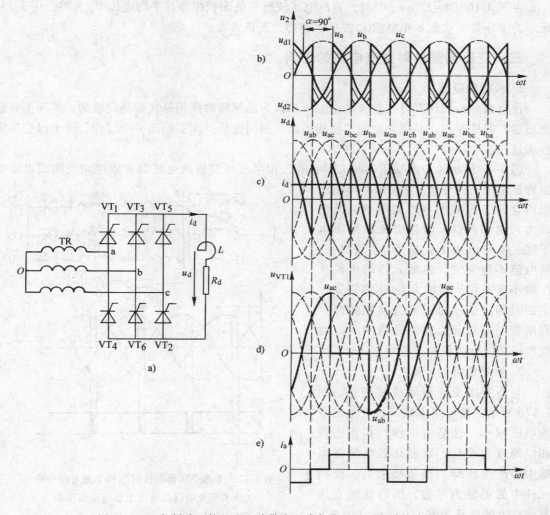

图 3-16　三相桥式可控整流电路带大电感负载，$\alpha = 90°$ 时的波形图

$$U_{\rm d} = \frac{6}{2\pi} \int_{\frac{\pi}{3}+\alpha}^{\frac{2\pi}{3}+\alpha} \sqrt{6} U_2 \sin\omega t {\rm d}(\omega t) = 2.34 U_2 \cos\alpha \tag{3-50}$$

当 $\alpha = 0°$ 时，$U_{\rm d0} = 2.34 U_2$；当 $\alpha = 90°$ 时，$U_{\rm d} = 0{\rm V}$。移相范围为 $0° \sim 90°$。流过晶闸管的电流平均值和有效值分别为

$$I_{\mathrm{dVT}} = \frac{1}{3} I_{\mathrm{d}} \qquad (3-51)$$

$$I_{\mathrm{VT}} = \sqrt{\frac{1}{3}} I_{\mathrm{d}} \qquad (3-52)$$

与三相半波大电感负载时相同。

变压器二次侧正负半周各导通 120°，电流有效值为

$$I_2 = \sqrt{\frac{2}{3}} I_{\mathrm{d}} \qquad (3-53)$$

由图 3-16c 可见，$\alpha = 90°$ 时，输出电压波形正负面积相等，平均电压 U_{d} 为零。图 3-16e 所示为变压器二次侧 a 相电流 i_{a} 波形，波形为正负方波。

三、变压器漏抗对整流电路的影响

1. 换相的概念

在前面分析和计算可控整流电路时，都认为晶闸管的换相是在瞬间完成的。实际上整流变压器有漏抗存在，晶闸管之间的换相不能在瞬间完成，而要经历一个过程，这个过程叫做换相过程。

图 3-17 所示是考虑变压器漏抗影响的三相半波可控整流电路的等效电路及输出电压电流的波形图。图中 L_{B} 为变压器每相绕组折合到二次侧的等效漏电感。设负载为大电感负载，输出电流波形为水平线，平均值为 I_{d}。由于 L_{B} 的存在，使电流不能突变，换流元件的电流从 I_{d} 减小到零和从零增大到 I_{d} 都需要一定的时间，这段时间参与换相的两个晶闸管同时导通，同时导通的时间对应的电角度称为换相重叠角 γ。

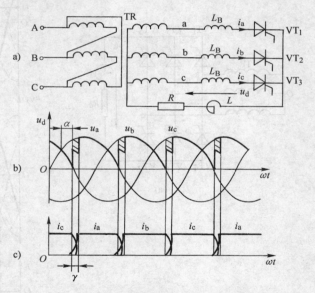

2. 换相压降的计算

与不考虑变压器漏抗时相比，图 3-17b 所示的波形出现缺口，使输出平均电压减小。这是由于参与换相的两相电流发生变化，而变化的电流在电感中将产生压降。换相结束后，换相元件中的电流为常数，所以此时变压器漏抗上的压降为零。

图 3-17　考虑变压器漏抗时三相半波可控整流电路的等效电路及输出电压电流波形图

由换相引起的变压器漏抗压降称为换相压降，用 ΔU_{d} 表示

$$\Delta U_{\mathrm{d}} = \frac{m}{2\pi} X_{\mathrm{B}} I_{\mathrm{d}} \qquad (3-54)$$

式中，m 为一个周期的换相次数，对于单相双半波电路，$m = 2$；三相半波电路，$m = 3$；三相桥式电路，$m = 6$；单相桥式电路，$m = 4$（换相过程变压器漏抗中的电流变化了 $2I_{\mathrm{d}}$）；X_{B}

为漏电抗（$X_B = \omega L_B$）。

由式（3-54）可知，换相压降 ΔU_d 正比于 $X_B I_d$。

3. 换相重叠角 γ

经数学推导得

$$\cos\alpha - \cos(\alpha + \gamma) = \frac{I_d X_B}{\sqrt{2} U_{2\phi} \sin\dfrac{\pi}{m}} \tag{3-55}$$

式中，$U_{2\phi}$ 为输出电压的波幅。

换相重叠角 γ 有下述的变化规律：

1）I_d 越大，则 γ 越大。

2）X_B 越大，则 γ 越大。

3）当 $\alpha \leqslant 90°$ 时，α 越小，则 γ 越大。

第四节 有源逆变电路

一、有源逆变的概念

1. 有源逆变的定义

由前面所学的知识可知，整流电路利用晶闸管组成变流装置（或称变流器），将交流电能转变为直流电能，它广泛应用于各种需要直流电源的场合。同一台变流装置，只要改变控制方式，就可以将负载端的直流电能转变为交流电能送入交流电网。这种变化过程称为逆变过程。逆变过程与整流过程能量的传送方向相反。

变流器工作在逆变状态时，如果变流器的交流侧接到交流电网上，把直流电能逆变为与电源同频率的交流电回送电网，这种逆变称为有源逆变。如果变流器的交流侧不与交流电网相连，而是把直流电变为某一频率的交流电供给负载，这种逆变称为无源逆变。有关无源逆变的内容将在第五章中讨论，本节只讨论有源逆变。

2. 电源间能量的流转关系

整流和有源逆变的根本区别在于能量的传递方向不同。下面用图 3-18 所示电路说明电源间能量的流转关系。

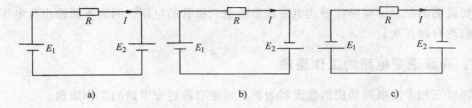

a)　　　　　　　　　　b)　　　　　　　　　　c)

图 3-18　两个电源能量的流转

图 3-18a 中，两个电源 E_1、E_2 同极性相连，当 $E_1 > E_2$ 时，回路中电流为

$$I = \frac{E_1 - E_2}{R} > 0$$

电源 E_1 输出能量，E_2 吸收能量，电阻 R 消耗电能。能量关系为

$$E_1 I = E_2 I + I^2 R$$

图 3-18b 中，两个电源反极性相连，回路中电流为

$$I = \frac{E_1 + E_2}{R} > 0$$

此时，E_1 和 E_2 均输出能量，电阻 R 消耗电能，能量关系为

$$E_2 I + E_1 I = I^2 R$$

图 3-18c 中，两个电源均反向，但 E_1、E_2 仍同极性相连，当 $E_2 > E_1$ 时，回路中电流为

$$I = \frac{E_2 - E_1}{R} > 0$$

此时，E_2 电源输出能量，E_1 吸收能量，电阻 R 消耗电能，能量关系为

$$E_2 I = E_1 I + I^2 R$$

以上分析的 3 个电路中，电流的方向虽然没有改变，但是能量的传递方向却各有不同。由以上分析可知：

1) 两个电源同极性相连，电流的方向由高电动势电源流向低电动势电源，电流的大小正比于两个电源电动势之差。当回路电阻很小时，两个电源发生能量交换。

2) 电流从电源的正极流出，该电源输出电能；电流从正极流入，该电源吸收电能。

3) 两个电源反极性相连，若回路电阻很小，形成电源间短路，应尽量避免出现这种情况。

3. 产生有源逆变的条件

由晶闸管为主控元件的变流器，无论处于整流状态还是逆变状态，电流的方向都不能改变，这是由晶闸管的单向导电性所决定的。此外，变流器在整流状态时，其直流端可以是电阻、电感或反电动势性质的负载；而逆变状态时，直流端必须具有反电动势性质的负载或是直流电源。图 3-18 所示电路中，电流方向始终未变，电能的传递方向却随着两电源极性、大小而改变。要改变变流器输出电压的极性、大小，变流装置必须是可控的，并且可以输出反向电压。由此可见，产生有源逆变的条件有：

1) 变流器直流端应具有电动势性质的负载，电动势的极性与晶闸管的导通方向一致；

2) 变流器输出端的直流平均电压 U_d 的极性必须为负，且保持 $|U_d| < |E|$。

上述两个条件必须同时满足，变流装置才能工作在逆变状态。

需要说明的是，所有半控桥式电路或带续流二极管的电路，因为不能输出负电压，所以均不能实现有源逆变。

二、有源逆变电路的工作原理

下面以三相半波电路构成的变流器为例，讨论有源逆变电路的工作原理。

1. 变流器整流工作状态（$0° \leqslant \alpha \leqslant 90°$）

图 3-19 所示为三相半波电路构成的变流器，带电动机负载，电路中串接平波电抗器，负载电流波形连续，负载电流为 I_d。电动机电动势 $E = k_e n$，n 为电动机的转速（单位为 r/min），电动机电磁转矩 $T = K_m I_d$。K_e、K_m 分别为电动势、转矩常数。

图 3-19a 中，$\alpha = 60°$ 时的输出电压波形如阴影部分所示。根据式（3-45），$0° \leqslant \alpha \leqslant 90°$，

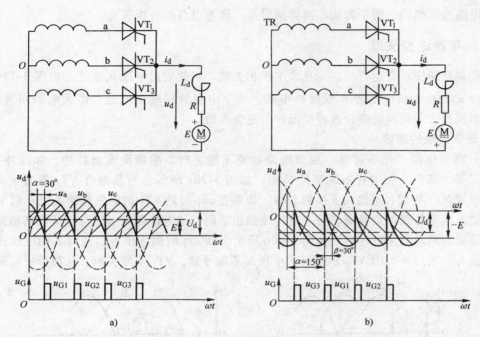

图 3-19 三相半波电路整流与逆变

$0 \leqslant U_d \leqslant 1.17U_2$，$u_d$、$i_d$、$E$ 的极性如图 3-19a 所示。

当满足 $|U_d| > |E|$ 时，$I_d = (U_d - E)/R > 0$，电路工作在整流状态，电动机工作在电动状态。电流从电源 u_d 的正端流出，电源此时输出有功功率；电流从电动势 E 的正端流入，电动机此时吸收功率。

若电动机的负载转矩不变，则 I_d 为常数。α 越小 $\rightarrow u_d$ 越大 $\rightarrow E$ 越大 $\rightarrow n$ 越大。调整 α，实现转速调节。

2. 变流器逆变工作状态（$90° \leqslant \alpha \leqslant 180°$）

根据式（3-45），当 $\alpha > 90°$时，$u_d < 0$，变流器输出负电压。如果电动机电动势 E 的极性改变，如图 3-19b 所示，并且满足 $|U_d| < |E|$，则 $I_d = (E - U_d)/R > 0$。电流从 u_d 的正端流入，电源此时吸收功率，电流从电动势 E 的正端流出，电动机此时输出功率。电动机工作在发电状态，而变流器此时吸收功率，并把吸收的电能回送交流电网。所以此时变流器工作在逆变状态。

整流状态下，变流器内的晶闸管在关断时主要承受反向电压。而逆变状态下，变流器内的晶闸管在关断时主要承受正向电压。无论是整流还是逆变，晶闸管承受的正向或反向电压峰值均为线电压的峰值，即 $U_{TM} = \sqrt{6}U_2$。

为分析计算方便，通常把逆变工作时的控制角改用 β 表示，令 $\beta = \pi - \alpha$，称为逆变角。规定 $\alpha = \pi$ 时作为计算 β 的起点，和 α 的计算方向相反，β 的计算方向是由右向左。逆变时，$\alpha > 90°$，而 $\beta = \pi - \alpha < 90°$，变流器输出电压表示为

$$U_d = -U_{d0}\cos\beta（三相半波 U_{d0} = 1.17U_2，三相桥式 U_{d0} = 2.34U_2）$$

由于三相桥式电路具有电压脉动小、晶闸管电压定额低、变压器利用率高等优点，因此在大中容量可逆系统中得到广泛的应用。三相桥式逆变电路的工作原理和分析方法与三相半

波逆变电路基本相同，限于篇幅不再详细讨论，读者可自行分析研究。

三、有源逆变失败

变流器在逆变状态运行时，一旦发生换相失败，将使输出电压 u_d 变正，由图 3-19b，可知，此时 u_d 和电动机电动势 E 顺极性串联，两个电源共同输出电能，而无电能回送电网。此时会形成很大的短路电流，这种情况称为逆变失败。

1. 逆变失败的原因

（1）触发电路工作不可靠　触发电路如果不能适时、准确地发出脉冲，如脉冲丢失、脉冲延迟等，都会使晶闸管不能正常换相。如图 3-20a 所示，当晶闸管 VT_1 导通至 ωt_1 时刻，应触发 VT_2 导通，电流由 a 换到 b 相。如果在 ωt_1 时刻 VT_2 的触发脉冲丢失，则 VT_1 因一直承受正向电压而继续导通，将一直持续到正半周，使电源瞬时电压与电动机电动势顺向串联，造成短路。如果脉冲延迟如图 3-20b 所示，到 ωt_2 时刻才出现，此时 b 相电压比 a 相低，即使有触发脉冲，因 VT_2 承受反向电压而不能导通，VT_1 不能关断，从而形成短路。

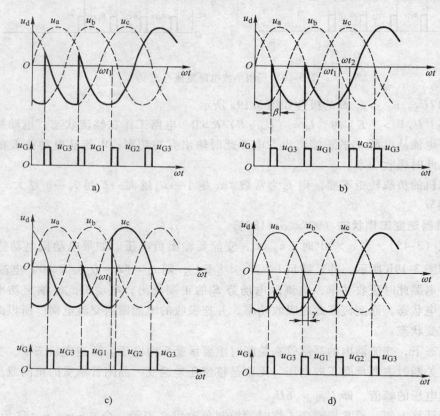

图 3-20　三相半波电路逆变失败波形分析

（2）晶闸管发生故障　由各种原因造成晶闸管故障，使晶闸管不能阻断或不能导通，均会造成逆变失败。如图 3-20c 所示，ωt_2 时刻应该触发 VT_2 导通，同时 VT_1 关断，但由于 VT_1 故障不能关断，导致无法 VT_2 导通，形成短路。

（3）交流电源发生故障　在逆变工作时，如果交流电源突然停电、缺相或电源电压降低，由于电动机电动势 E 的存在，晶闸管仍可以导通，但此时由于变流器的交流侧失去了与电动机电动势 E 极性相反的电压，造成逆变失败。

（4）电路换相时间不足　有源逆变电路设计时，应考虑变压器漏电抗对晶闸管换相的影响，以及晶闸管由导通到关断存在关断时间的影响，否则由于逆变角 β 太小造成逆变失败。如图 3-20d 所示，ωt_1 时刻，触发 VT_2，如果 $\beta < \gamma$，晶闸管 VT_1 换相结束时，由于 a 相电压比 b 相电压还高，所以 b 相上的晶闸管 VT_2 不能导通，VT_1 继续导通，使变流器瞬时电压为正，导致逆变失败。

2. 防止逆变失败的措施

1）检查电源情况，排除电源故障。

2）选择质量良好的、规格合适的晶闸管。

3）采用优良可靠的触发单元。

4）在控制电路上采取措施，保证逆变角不超出规定的范围。

3. 最小逆变角 $\beta_{\min}$ 的确定

逆变时允许采用的最小逆变角为

$$\beta_{\min} = \delta + \gamma + \theta' \tag{3-56}$$

式中，δ 为晶闸管关断时间所对应的电角度；γ 为换相重叠角；θ' 为安全裕量角。

晶闸管关断时间大约为 $200 \sim 300\mu s$。所对应的电角度为 $4° \sim 5°$。换相重叠角 γ 随平均电流 I_d、变压器漏抗 X_B 以及触发角 α 变化，一般为 $15° \sim 20°$。

安全裕量角 θ' 是为触发脉冲时间间隔的不对称度而考虑的。例如，三相桥式电路 6 个触发脉冲之间理论上应相差 $60°$，但实际电路可能会有误差，一般可达到 $5°$。所以应考虑一个安全裕量角 θ'，一般取 $10°$。

最小逆变角 $\beta_{\min}$ 一般取 $30° \sim 35°$。设计逆变电路时，必须保证 $\beta \geqslant \beta_{\min}$。

第五节　整流电路的性能指标及应用技术

一、整流电路对电网的影响

随着电力电子技术的飞速发展，各类电力电子装置在电力系统、工业、交通、民用等领域得到广泛的应用。由此带来的谐波和无功问题对电网造成的不利影响，成为国内外专家学者研究的热门课题。

由前面整流电路波形分析可知，整流电路交流侧即整流变压器的电流为非正弦波，并且功率因数低，以上两个问题将造成电网谐波电流和无功电流增大。谐波和无功问题对电网造成的危害称为电力公害。针对电力公害，世界上许多国家都制定了限制电网谐波的国家标准，规定注入电网的谐波必须控制在允许范围之内。采取措施抑制电力公害是电力电子技术领域的一项重要研究课题。

1. 整流电路的无功功率对公共电网造成的主要危害

1）无功功率会导致视在功率增大，从而使设备容量增大。

2）无功功率增加，造成设备和线路损耗增加。

3）使线路压降增大，冲击性无功电流还会使电压剧烈波动。

2. 整流电路的谐波电流对公共电网造成的主要危害

1）谐波损耗将降低发电、输电和用电设备的效率。

2）谐波影响电网上其他电气设备的正常工作，如造成电动机机械振动、噪声和过热，使变压器局部过热，电缆、电容器设备过热、使绝缘老化、寿命降低。

3）谐波会引起电网局部的串联和并联谐振，从而使谐波放大，使谐波造成的危害大大增加，甚至引起严重事故。

4）谐波会导致继电保护和自动装置误动作，并使电气测量仪表计量不准确。

5）谐波对通信系统产生干扰，轻者产生噪声、降低通信质量，重者导致信息丢失，使通信系统无法正常工作。

二、整流电路的谐波分析

1. 谐波

一般整流电路的交流侧和直流侧的电压、电流波形均为非正弦周期函数。对于非正弦周期函数可用傅里叶级数分解的方法进行分析。

对于非正弦周期电流，其周期为 $T = 1/f$（$f = 50\text{Hz}$ 为电网的频率），一般满足狄里赫利条件，则可分解为傅里叶级数

$$i(\omega t) = a_0 + \sum_{n=1}^{\infty} (a_n \cos n\omega t + b_n \sin n\omega t) \tag{3-57}$$

其中，$a_0 = \dfrac{1}{2\pi} \int_0^{2\pi} i(\omega t) \mathrm{d}(\omega t)$，$a_n = \dfrac{1}{\pi} \int_0^{2\pi} i(\omega t) \cos n\omega t \mathrm{d}(\omega t)$，$b_n = \dfrac{1}{\pi} \int_0^{2\pi} i(\omega t) \sin n\omega t \mathrm{d}(\omega t)$。

式（3-57）中，频率与工频相同的分量称为基波分量（$n = 1$）；频率为基波整倍数（$n > 1$）的分量为谐波分量。

2. 交流侧谐波电流分析

以三相桥式整流电路大电感负载（$\alpha = 0°$）为例，分析交流二次侧相电流 i_2 的波形。假设负载电流波形连续，波形为一条水平线，i_2 的波形近似为理想方波，如图 3-16e 所示。对变压器二次侧 a 相相电流波形作傅里叶分解，有

$$i_a = \frac{2\sqrt{3}}{\pi} I_\mathrm{d} \Big[\sin\omega t - \frac{1}{5}\sin 5\omega t - \frac{1}{7}\sin 7\omega t + \frac{1}{11}\sin 11\omega t + \frac{1}{13}\sin 13\omega t - \cdots \Big]$$

$$= \frac{2\sqrt{3}}{\pi} I_\mathrm{d} \sin\omega t + \frac{2\sqrt{3}}{\pi} I_\mathrm{d} \sum_{n=6k\pm 1} (-1)^k \frac{1}{n}\sin n\omega t, \quad k = 1, 2, 3, \cdots \tag{3-58}$$

基波和各次谐波电流有效值分别为

$$I_1 = \frac{\sqrt{6}}{\pi} I_\mathrm{d}$$

$$I_n = \frac{\sqrt{6}}{n\pi} I_\mathrm{d} \quad n = 6k \pm 1, k = 1, 2, 3, \cdots$$

可得出如下结论：

1）交流侧只含有 $6k \pm 1$（k 为正整数）次谐波；

2）各次谐波有效值与谐波次数成反比，即谐波次数越高，其谐波电流有效值越小。

可见，整流器二次电流中含有 5、7、11、13 等次谐波。谐波次数越高，谐波电流有效

值越小。如果整流变压器采用△/Y联结，变压器一次电流 i_1 的波形为阶梯波，比二次电流 i_2 的波形谐波含量要小。这正是整流变压器采用△/Y联结的优点之一。

3. 变流器直流侧谐波分析

整流器的输出电压为非正弦周期函数，其主要成分为直流分量，但也含有高次谐波，这种谐波对负载的工作是不利的。

（1）$\alpha = 0°$时，多相整流电路输出电压谐波分析

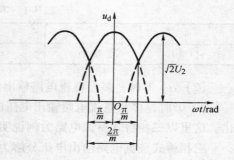

图 3-21 m 相整流电路的整流输出电压波形图

设 m（一周期输出电压波头数）相脉波整流电路的整流输出电压波形如图 3-21 所示（以 $m = 3$ 为例）。将纵坐标选在整流电压的峰值处，则在 $-\pi/m \sim \pi/m$ 区间内，整流电压的表达式为

$$u_{d0} = \sqrt{2}U_2\cos\omega t$$

对输出电压进行傅里叶级数分解，得

$$u_{d0} = U_{d0} + \sum_{n=mk}^{\infty} b_n\cos n\omega t$$

$$= U_{d0}\left(1 - \sum_{n=mk}^{\infty} \frac{2\cos k\pi}{n^2-1}\cos n\omega t\right) \tag{3-59}$$

式中，$k = 1,2,3,\cdots$；$U_{d0} = \sqrt{2}U_2\dfrac{m}{\pi}\sin\dfrac{\pi}{m}$；$b_n = -U_{d0}\dfrac{2\cos k\pi}{n^2-1}$。

对于单相桥式电路和单相双半波电路，$m = 2$，代入式（3-59）得

$$u_{d0} = \sqrt{2}U_2\frac{2}{\pi}\sin\frac{\pi}{2}\left(1 + \frac{2\cos 2\omega t}{1\times 3} - \frac{2\cos 4\omega t}{3\times 5} + \frac{2\cos 6\omega t}{5\times 7} - \cdots\right)$$

对于三相半波电路，$m = 3$，可得

$$u_{d0} = \sqrt{2}U_2\frac{3}{\pi}\sin\frac{\pi}{3}\left(1 + \frac{2\cos 3\omega t}{2\times 4} - \frac{2\cos 6\omega t}{5\times 7} + \frac{2\cos 9\omega t}{8\times 10} - \cdots\right)$$

三相桥式电路等效于相电压幅值为 $\sqrt{2}U_{2l}$（$U_{2l} = \sqrt{6}U_2$）的六相半波电路，即 $m = 6$，代入式（3-59）得

$$u_{d0} = \sqrt{2}U_{2l}\frac{6}{\pi}\sin\frac{\pi}{6}\left(1 + \frac{2\cos 6\omega t}{5\times 7} - \frac{2\cos 12\omega t}{11\times 13} + \frac{2\cos 18\omega t}{17\times 19} - \cdots\right)$$

由以上分析结果可知，增加相数 m，使谐波中低次频率增加，同时其幅值迅速减小。这说明，增加相数 m 对减小直流侧谐波、改善输出电压波形非常有意义。

定义输出电压的纹波系数 γ_μ 为整流输出电压中谐波分量的有效值 U_R 与整流输出电压平均值 U_{d0} 之比。电压的纹波系数 γ_μ 表示输出电压中谐波含量所占的比重。

$$\gamma_\mu = \frac{U_R}{U_{d0}} = \frac{\sqrt{U^2 - U_{d0}^2}}{U_{d0}} = \frac{\sqrt{\dfrac{1}{2} + \dfrac{m}{4\pi}\sin\dfrac{2\pi}{m} - \dfrac{m^2}{\pi^2}\sin^2\dfrac{\pi}{m}}}{\dfrac{m}{\pi}\sin\dfrac{\pi}{m}} \tag{3-60}$$

表 3-1 给出了不同 m 时的电压的纹波系数 γ_μ。

表 3-1　不同 m 时电压的纹波系数 γ_μ

m	2	3	6	12	∞
$\gamma_\mu(\%)$	48.2	18.27	4.18	0.994	0

（2）$\alpha>0°$时，多相整流电路输出电压谐波分析

$\alpha>0°$时，多相整流电路输出电压的表达式要复杂得多，整流脉动电压值随 α 变化而变化。这里以三相桥式整流电路为例说明谐波电压与 α 的关系。

三相桥式整流电路输出电压分解为傅里叶级数

$$u_d = U_d + \sum_{n=6k}^{\infty} c_n \cos(n\omega t - \theta_n) \quad k=1,2,3,\cdots$$

θ_n 与控制角 α、换相重叠角 γ、谐波次数 n 有关。图3-22所示为 n 次谐波幅值与 α 的关系。由图可见，当 $0°<\alpha<90°$时，谐波幅值随 α 增大而增大；当 $90°<\alpha<180°$时，谐波幅值随 α 增大而减小；当 $\alpha=90°$时，谐波幅值达到最大值。

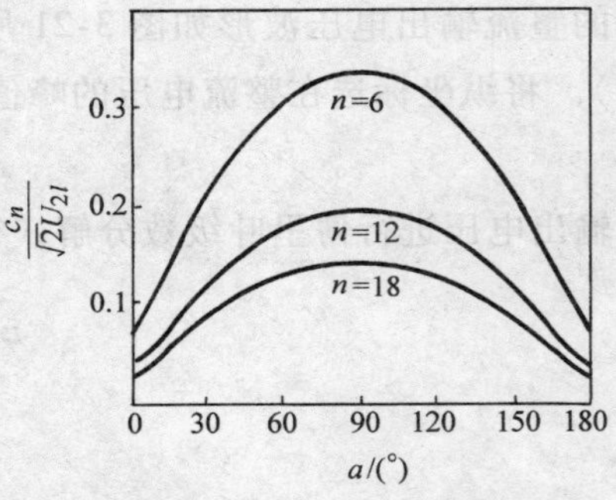

三、整流电路的性能指标

各种整流电路都能实现 AC-DC 变换，但其性能却存在很大差异。衡量整流电路性能优劣的依据是整流电路本身的性能指标。对整流电路最基本的要求是：

图 3-22　n 次谐波幅值与 α 的关系

输出电压可控、输出电压中的谐波分量控制在允许范围内、交流侧的谐波电流控制在允许范围内。此外，整流电路的效率、功率因数、体积、重量、电磁干扰、电磁兼容性以及动静态控制精度等都是评价整流电路的重要指标。下面介绍整流电路最基本的性能指标。

1. 输出电压纹波系数 γ_μ

γ_μ 用来描述整流电压中谐波的含量，表达式见式（3-60）。

2. 变压器利用系数 TUF

TUF 为输出直流功率平均值 P_d 与整流变压器二次容量 S 之比，即

$$TUF = \frac{P_d}{U_2 I_2}（单相），TUF = \frac{P_d}{3U_2 I_2}（三相） \tag{3-61}$$

$$P_d = I_d U_d（大电感负载） \tag{3-62}$$

式中，U_2、I_2 分别为整流变压器二次相电压、相电流有效值；I_d、U_d 分别为整流器输出电流、电压的平均值。

3. 基波数值因数 ν

ν 表示交流侧输入电流中基波电流含量的大小，即

$$\nu = \frac{I_1}{I_2} = \frac{I_1}{\sqrt{I_1^2 + \sum_{n=2}^{\infty} I_n^2}} \tag{3-63}$$

式中，I_1 为基波电流有效值；I_2 为电流有效值；I_n 为第 n 次谐波电流有效值。

$0<\nu\leqslant1$，$\nu=1$ 表示输入电流中无谐波电流。ν 越小谐波电流含量越大。

4. 输入功率因数 $\cos\varphi$

$\cos\varphi$ 定义为交流电源侧输入有功功率平均值 P_{AC} 与其视在功率 S 之比，即

$$\cos\varphi = P_{AC}/S \tag{3-64}$$
$$S = U_2 I_2$$

式中，U_2、I_2 分别为整流变压器二次相电压、相电流有效值。

若输入的交流电压为无畸变的正弦波，由于谐波电流在一周期中的平均功率为零，只有基波电流形成有功功率，因此

$$P_{AC} = U_2 I_1 \cos\varphi_1 \tag{3-65}$$

式中，φ_1 为输入电压与输入电流基波相位角；$\cos\varphi_1$ 为基波功率因数；I_1 为基波电流有效值。

当忽略换相压降和晶闸管管压降时，$\cos\varphi_1 \approx \cos\alpha$，于是有

$$\cos\varphi = \frac{U_2 I_1 \cos\varphi_1}{U_2 I_2} = \nu\cos\varphi_1 \approx \nu\cos\alpha \tag{3-66}$$

由式（3-63）可知，交流电流中的谐波含量越大，ν 就越小，功率因数 $\cos\varphi$ 就越小；控制角 α 越大，$\cos\varphi$ 越小。

由于

$$I_2 = \frac{P_{AC}}{U_2\cos\varphi} = \frac{P_{AC}}{U_2\nu\cos\varphi_1} \approx \frac{P_{AC}}{U_2\nu\cos\alpha} \tag{3-67}$$

当输入功率一定时，功率因数越小，则电源提供的电流 I_2 越大。

上述几项基本性能指标能够比较科学地评价各种整流电路的性能优劣。

四、谐波抑制与功率因数补偿

整流电路的对电网的影响，随着整流电路功率的增大而更加显著。因此，对大功率整流电路的谐波抑制显得尤为重要。减小电力公害，关键问题是抑制高次谐波电流，使整流电路的变压器一次电流波形接近正弦波形。

1. 谐波的抑制

（1）安装谐波滤波器　为使整流电路的谐波电流不流入电网，常采用谐波滤波器，使整流电路产生的谐波电流大部分流入 LC 串联的谐振回路，从而使流入电网的谐波电流抑制在允许范围内。图 3-23 所示为交流滤波器。

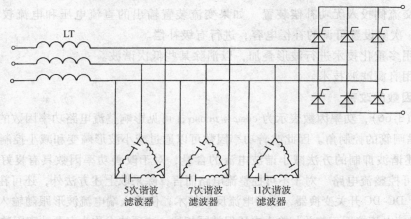

图 3-23　抑制谐波的交流滤波器

（2）增加整流相数　由图 3-24 所示的不同整流电路交流侧的电流波形可见，整流电路的相数越多，电流波形中的谐波含量越少。如等效的十二相电路，由两组 6 脉动的三相桥式电路组成。一组变压器二次侧为星形联结，另一组变压器二次侧为三角形联结，这样形成等效十二相电路，相与相之间相差 30°电角度。功率特大的整流器，可采用并联多组整流桥形成等效二十四相或三十六相整流电路，使变压器一次线电流更加接近正弦波形。目前，大功率整流器应用最广泛的是十二相接线方案。

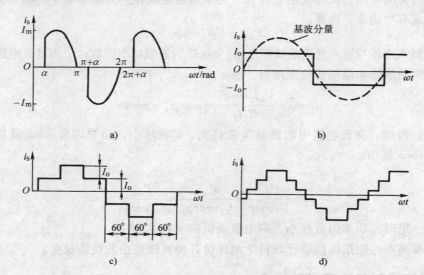

图 3-24　各种整流电路的交流侧电流波形图

a）单相全控（阻性负载）　b）单相全控（大电感负载）
c）三相全控（大电感负载）　d）十二相整流（大电感负载）

（3）减小控制角　由图 3-5f 可知，控制角越小，变压器二次电流 i_2 的波形越接近正弦波。

如果整流器的输出电压范围较宽，可将变压器接到低压抽头，降低 U_2 可减小控制角，降低谐波含量。

根据公式 $U_d = 2.34 U_2 \cos\alpha$ 可知，输出电压相同时，U_2 越小，控制角越小。

（4）在交流侧投入无功补偿装置　如果变流装置输出的直流电压和电流较为恒定，可在变压器的一次侧设置可调的补偿电容，进行有级补偿。

（5）利用多重化技术进行波形叠加，以消除某些低次谐波。

（6）利用有源滤波技术。

2. 功率因数的改善

根据式（3-66），功率因数表示为 $\cos\varphi \approx \nu\cos\alpha$，可见影响整流电路功率因数的两个因素为波形畸变和晶闸管的控制角。因此改善功率因数可以通过减小波形畸变和减小控制角来实现。

利用上述谐波抑制的方法减小谐波电流的含量，对于改善功率因数具有良好的作用。

（1）不可控整流电路　对于不可控整流电路而言，除采取上述方法外，还可在整流器和负载间接入一个 DC-DC 开关变换器，应用电流反馈技术，使输入端电流波形跟随输入交流正弦电压波形，可以使电流接近正弦并与输入电压保持同相位。这项技术称为有源功率因数校正。

（2）可控整流电路　以晶闸管为主控器件的相控整流电路，就是利用改变触发延迟角实现"可控"的，而触发延迟角 α 的存在，是相控整流电路功率因数降低的一个重要因素。实现"可控"与功率因数降低是一对不可调和的矛盾。

随着用电设备标准日益严格，采用高功率因数、低谐波的高频开关模式 PWM 整流器 SMR（Switched Mode Rectifier）替代传统的二极管不控整流和晶闸管相控整流装置是大势所趋。SMR 采用全控型器件进行高频脉宽调制 PWM 控制。和传统整流器相比，SMR 可以控制交流电源电流为畸变很小的正弦化电流，且功率因数为1。图 3-25 所示为单相全控桥式 PWM 整流器电路图和各电量波形图。图中 $V_1 \sim V_4$ 为全控型器件 IGBT。由波形图可见，采用 PWM 调制的整流器，交流侧输入电流 i_s 的波形比矩形波更加接近正弦波，谐波含量大大降低，而且交流电压 u_s 与电流 i_s 的基波相位相同，从而功率因数接近于1。

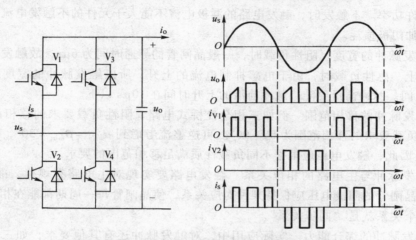

图 3-25　单相全控桥式 PWM 整流器电路图和各电量波形图

五、晶闸管的触发电路

触发电路的基本作用是向晶闸管提供门极电压和门极电流，决定晶闸管的触发导通时刻。由于晶闸管电路的用途很多，如用于整流、逆变、交流调压、变频等，所带负载性质也不同，如阻性、感性、反电动势负载等，因而不同情况对触发电路的要求也不同。在选择和使用触发电路时，应根据晶闸管的特性、主电路的类型及其运行条件，最大限度地满足主电路的要求。触发电路的作用如图 3-26 所示。

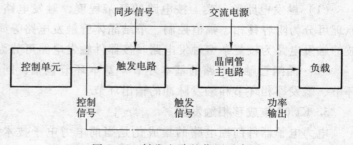

图 3-26　触发电路的作用示意图

1. 对触发电路的基本要求

（1）触发信号的形式　为减小门极损耗，一般触发信号采用脉冲形式。常见的触发脉冲波形如图 3-27 所示。

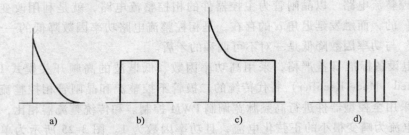

图 3-27　常见触发脉冲波形图

a) 尖脉冲　b) 矩形脉冲　c) 强脉冲　d) 脉冲列

（2）触发信号的触发功率　要求触发功率足够触发晶闸管导通，但又不要超过晶闸管门极最大允许功率。不触发时，触发电路的漏极电流不能大于元件的不触发电流，以免引起误触发和增加门极损耗。

（3）触发脉冲的宽度　阻性负载时，一般晶闸管的导通时间为 $6\mu s$，故触发脉冲的宽度应在 $6\mu s$ 以上。感性负载时，由于电感抑制电流的上升，所以触发脉冲的宽度应加大，在 $0.5 \sim 1ms$ 之间。脉冲前沿要陡，脉冲前沿的上升时间在 $10\mu s$ 以下。

（4）触发脉冲的移相范围　例如三相全控桥式电路，阻性负载要求的移相范围为 $0° \sim 120°$，感性负载要求的移相范围为 $0° \sim 90°$。可逆整流考虑到 $\alpha_{min} = \beta_{min} = 30°$，移相范围为 $30° \sim 150°$。因此，触发电路应根据不同负载性质满足移相范围的要求。

（5）触发脉冲与主电路的相位关系　触发电路要实现对主电路有规律、准确地控制，触发脉冲与晶闸管的阳极电压应保持某种对应关系，使晶闸管每一周期都能在相同的相位上被触发，这个关系就是"同步关系"。

（6）触发脉冲的综合能力　实际应用中，对触发脉冲还有其他要求，如三相全控桥式电路要求输出"双窄脉冲"、可逆整流电路要求最小控制角 α_{min} 和逆变角 β_{min} 的限制等。

（7）触发电路其他性能指标　触发电路的抗干扰能力、可靠性、脉冲之间的对称性、经济性、输入特性、外形尺寸等，都是选择触发电路要综合考虑的。

2. 触发电路简介

（1）触发电路的分类　按电路的复杂程度，触发电路可分为简易型和复杂型。按电路原理可分为阻容移相、幅值控制、单结晶体管触发电路等简易型；同步信号为锯齿波、正弦波的触发电路为较复杂型触发电路。按器件触发电路可分为分立元件、专用集成芯片等。

（2）晶闸管触发电路的基本环节　基本环节包括：同步环节、触发脉冲的形成与放大环节、触发移相环节和触发脉冲的输出环节。

3. KC04 集成移相触发器

电力电子器件门控电路的集成化是当前电力电子技术发展的主流。集成触发电路体积小、温漂小，移相线性度好，性能稳定可靠。国产 KC 系列集成触发器正在工业控制装置中得到广泛的应用。KC 系列有十几个品种，适用于电动机可逆控制系统、整流供电装置、交流无触点开关、交直流调压、调速、调光等系统。KC04 集成移相触发器是应用比较广泛的一种。图 3-28 所示为 KC04 的电路原理图。它的原理与分立元件组成的锯齿波移相触发电路相似，有同步、锯齿波形成、移相、脉冲形成与放大等环节。图 3-29 所示为 KC04 各点电压波形。

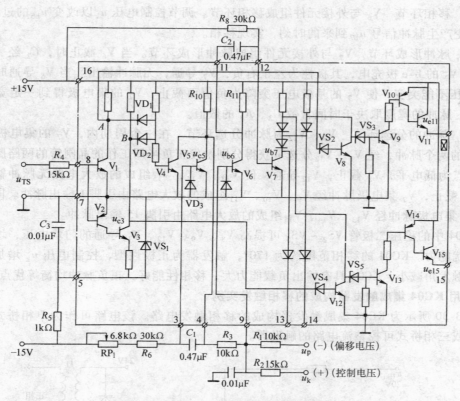

图 3-28 KC04 电路原理图

（1）同步环节 同步环节由晶体管 $V_1 \sim V_4$ 等元件组成。正弦波同步电压 u_{TS} 加到 V_1、V_2 的基极。u_{TS} 正半周时，V_1、VD_1 导通，V_2、V_3 截止，A 点为低电平，B 点为高电平。u_{TS} 负半周时，V_2、V_3 导通，V_1 截止，A 点为高电平，B 点为低电平。VD_1 与 VD_2 组成与门电路，只要 A、B 两点有一点为低电平，就将 V_4 的基极电位钳在低电平，V_4 截止。只有在 $|u_{TS}|$ < 0.7V 时，V_1、V_2、V_3 都截止，A、B 两点都为高电平，V_4 饱和导通，即同步电压正负半周接近零时 V_4 饱和导通。

（2）锯齿波形成环节 V_5 和 3、4 端外接 C_1、R_6、RP_1 组成锯齿波形成环节。C_1 和 V_5 组成负反馈锯齿波发生器。V_4 截止期间，C_1 经 ±15V 电源、R_6、R_{10} 充电，极性为左负右正。充电过程中，V_5 的集电极电位线性增长，形成锯齿波的上升沿。调整 RP_1 可以改变锯齿波的斜率。在 V_4 导通期间，C_1 经 V_4、D_3 迅速放电，形成锯齿波的下降沿，如图 3-29 中 u_{c5} 的波形所示。

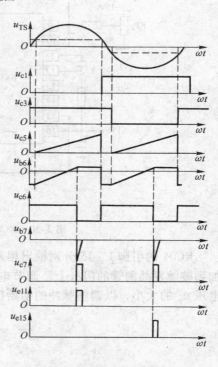

图 3-29 KC04 各点电压波形图

（3）移相环节　V_6 与外接元件组成移相环节。调节控制电压 u_k 以改变 u_{b6} 的过零时刻，从而改变产生脉冲信号 u_{b7} 到来的时刻，实现移相。

（4）脉冲形成环节　V_7 与外接元件组成脉冲形成环节。当 V_6 截止时，C_2 经 +15V 电源 R_{11}、V_7 的 b-e 极充电，其极性为左正右负，V_7 导通，无脉冲输出。当 V_6 导通时，由于 C_2 上电压不能突变，使 V_7 的基极电压突降为负值而截止，V_7 的集电极得到一定宽度的矩形脉冲。脉冲的宽度取决于时间常数 C_2、R_8 的数值。

（5）脉冲的分选环节　V_8、V_{12} 为脉冲分选环节。在一个周期内，V_7 的集电极得到相隔 180° 的两个脉冲，经 V_8、V_{12} 分选可获得分别触发正负半周工作的晶闸管的两路脉冲。正半周 A 点为低电平，V_8 截止，V_{12} 导通，使 V_{13}、V_{14}、V_{15} 组成的放大电路无脉冲输出；而由于 V_8 截止，V_7 集电极脉冲经 V_9、V_{10}、V_{11} 组成的放大电路由引脚 1 输出脉冲。同理，负半周 V_7 集电极脉冲经 V_{13}、V_{14}、V_{15} 组成的放大电路由引脚 15 输出脉冲。

KC04 中的稳压二极管 $VS_2 \sim VS_5$ 可提高 V_8、V_9、V_{12}、V_{13} 导通的门坎电压，增强电路的抗干扰能力。KC04 的移相范围约为 170°，触发器为正极性型，控制电压 u_k 增加，脉冲前移，触发角减小。KC04 具有输出负载能力大，移相性能好，正负脉冲均衡等优点。

4. 用 KC04 集成触发器构成的移相触发实例

图 3-30 所示为 KC04 集成触发器构成的移相触发电路。该电路可作为单相桥式、单相双半波或三相桥式可控整流电路的触发器。

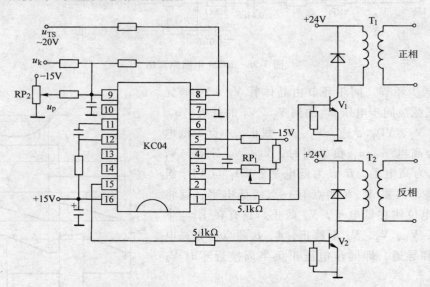

图 3-30　KC04 集成触发器构成的移相触发电路

KC04 的引脚 1、15 分别输出相差 180° 的触发脉冲，经过脉冲变压器 T_1、T_2 把触发脉冲加到被触发晶闸管的门极上。调节电位器 RP_1 改变锯齿波斜率，调节电位器 RP_2 改变偏移电压 u_p 的大小，以调整脉冲的初始位置。控制电压 u_k 为移相控制信号。

小　结

本章介绍了整流电路及相关的一些知识，主要内容及要注意的问题包括：

　　1. 单相、三相可控整流电路。其中阻性负载和感性负载的分析方法和结果有所不同，读者要注意区别。容性负载的分析方法读者可参考相关书籍。

　　2. 变压器漏抗对整流电路的影响。当整流电路经过变压器供电时，要考虑到变压器漏抗会造成输出直流电压降低、电网电压谐波增大的情况。

　　3. 有源逆变电路的概念和实现方法。有源逆变电路形式仍是整流电路的基本形式，但能将直流侧的电能馈送给电网。要实现这一点，必须满足控制角大于90°和直流电动势极性与晶闸管的导通方向一致的条件，并且直流电动势的值要大于整流电路直流侧的平均电压。

　　4. 整流电路性能指标的概念。电流谐波畸变率和功率因数是比较重要的指标，这些性能指标的高低在某种程度上表现了整流装置性能的优劣。读者要注意影响这两个指标的主要因素是什么。

　　5. 触发电路的作用和基本要求。触发电路作为大功率晶闸管整流装置的必要辅助电路，产生使晶闸管按一定顺序和控制角导通的触发脉冲。触发电路有多种类型，本章着重介绍了KC04系列的集成触发电路的工作原理。同步、移相、脉冲顺序控制及脉冲功率放大部分是读者要掌握的基本要点。

习题与思考题

　　3-1　单相半波可控整流电路，带阻性负载。请画出以下几种输出电压 u_d、晶闸管两端电压 u_{VT} 波形图：（1）不加触发脉冲；（2）晶闸管内部短路；（3）晶闸管断路。

　　3-2　某单相可控整流电路，带阻性负载和反电动势负载两种情况，如果在负载平均电流相同的条件下，哪种负载要求的晶闸管额定电流大？为什么？

　　3-3　图3-4所示电路中，当突然发现输出电压很低，经检查晶闸管及触发电路均正常，试问是何原因？

　　3-4　可控整流电路带电阻负载时，电阻负载上的有功功率是否为 $U_d I_d$？带大电感负载时，电阻上的有功功率是否为 $U_d I_d$？为什么？

　　3-5　某电阻负载要求 0～24V 直流电压，最大负载电流 $I_d = 30A$。如果用220V交流电直接供电和由整流变压器减压到60V供电的单相半波整流电路，是否两种方案都能满足要求？试比较两种方案的晶闸管的导通角、额定电压、额定电流、电路的功率因数和对电源容量的要求。

　　3-6　某电阻负载要求 20～90V 直流电压，$R_d = 5\Omega$，$U_2 = 220V$。试用单相半波和单相桥式可控整流电路供电，分别计算：

　　（1）晶闸管的移相范围；

　　（2）晶闸管的额定电压、额定电流；

　　（3）负载消耗的最大功率；

　　（4）最大功率因数。

　　3-7　试画出图3-31所示整流电路的整流输出电压 u_d、晶闸管电流 i_{V1}、二极管电流 i_{VD1} 和整流变压器一次电流 i_1 的波形，并推导输出电压 U_d 的计算公式。

　　3-8　图3-32所示为用一只晶闸管作开关的可控整流电路，试

　　（1）画出 $\alpha = 60°$ 时，u_d、i_d 波形；

　　（2）计算晶闸管的移相范围；

　　（3）大电感负载时是否需要接续流二极管？为什么？

　　3-9　某具有续流二极管的单相桥式整流电路，带大电感负载。已知 $R_d = 150\Omega$，$U_2 = 220V$。试计算

$\alpha = 30°$时晶闸管和续流二极管电流平均值、有效值。什么情况下续流二极管电流平均值大于晶闸管电流平均值？

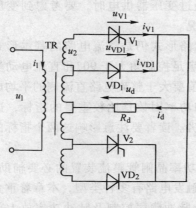

图 3-31　习题 3-7 图

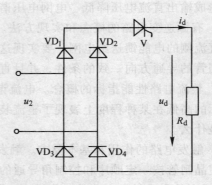

图 3-32　习题 3-8 图

3-10　三相半波可控整流电路，能否用图 3-33 所示电路，只用一套触发装置，每隔 120°发出触发脉冲使电路工作？如果可以工作，晶闸管的移相范围多大？最小输出电压、电流多大？

3-11　在三相桥式整流电路带阻性负载，如果有一个晶闸管不能导通，此时的整流波形如何？如果有一个晶闸管被击穿而短路，其他晶闸管受什么影响？

3-12　现有单相半波、单相桥式、三相半波 3 种整流电路带阻性负载，负载电流 I_d 均为 30A，分别求出流过晶闸管电流的平均值和有效值。

3-13　三相全控桥式电路，$L = 0.5H$，$R_d = 12\Omega$，要求 U_d 从 0 ~ 220V 之间变化，求：

（1）变压器二次电压有效值 U_2；

（2）考虑 2 倍的安全裕量，选择晶闸管型号；

（3）变压器二次电流有效值 I_2；

（4）电源侧功率因数 $\cos\varphi$；

（5）整流变压器容量 S。

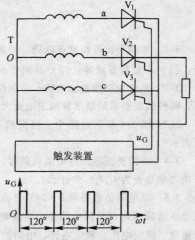

图 3-33　习题 3-10 图

3-14　三相全控桥式电路反电动势阻感负载，$R_d = 1\Omega$，$L = \infty$，$E = 200V$，$U_2 = 220V$，$\alpha = 60°$，变压器等效漏电感 $L_B = 1mH$。求：

（1）不考虑变压器漏抗影响时，U_d、I_d；

（2）考虑变压器漏抗时，U_d、I_d 及换相重叠角 γ。

3-15　图 3-34 所示为电动机直流拖动系统，一个是工作在整流状态，另一个工作在逆变状态。

（1）标出 U_d、I_d、E 的方向；

（2）并说明 U_d 与 E 的大小关系。

3-16　三相全控桥式电路，带反电动势阻感负载。$R_d = 1\Omega$，$L = \infty$，$L_B = 1mH$，$E = 300V$，$U_2 = 220V$，$\beta = 60°$时，求：U_d、I_d 及换相重叠角 γ，并计算逆变回馈电网的有功功率。

3-17　在电路结构参数不变的情况下，如果电网电压下降

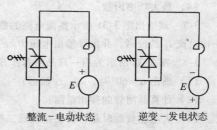

整流 - 电动状态　　　逆变 - 发电状态

图 3-34　习题 3-15 图

10%，对换相重叠角有何影响？为什么？

3-18 利用 MATLAB 工具软件，仿真单相桥式可控整流电路的整流状态。用 Simulink 建模工具构建图 3-35 所示的仿真电路。相应模块从 Power System Blockset 及 Sink 和 Sources 模块库中调用。其中，改变 Pulse Generator 的 phase delay 参数可改变 α 移相范围。取 α 为 30°、60°、90°，观察输出电压和电流波形。

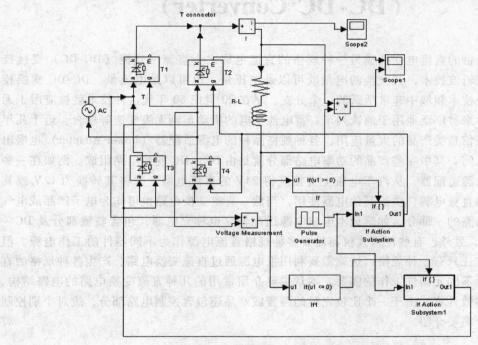

图 3-35 习题 3-18 图

第四章　直流-直流变换电路
（DC-DC Converter）

　　将一种规格的直流电变换成另一种规格的直流电称之为直流－直流（DC-DC）变换技术，亦称直流斩波技术，其交换的电量既可以是电压量，也可以是电流量。DC-DC 变换技术是电力电子技术领域中非常活跃的一个分支。早在 20 世纪 60 年代这种技术就被应用于无轨电车上，后来被广泛地用于地铁列车、蓄电池供电的机动车辆无级变速等场合。近十几年来，随着电子信息类产品的大量应用，各种规格品种的电源适配器（Power Adapter）也层出不穷、五花八门。其中一些产品的功率电路部分就是由 DC－DC 变换电路组成。例如在一些汽车上用的电源适配器，从汽车电瓶上直接获得 24V 的直流电源，并将其转换为 12V 或其他电压规格的直流电源，供给其他电器使用。当然，直流变换电路也可作为电子产品或电气装置中电源电路的一部分，如笔记本电脑电源适配器，也称充电器，包含整流部分及 DC－DC 变换部分。另外，有些便携式仪器需要多种规格直流电源作为不同器件的工作电源。但由于主电源往往只有一种规格，这就需要利用主电源通过直流变换电路，产生各种规格的直流电源来满足不同元器件工作的需要。本章主要介绍常用的几种直流变换电路的电路结构、工作原理及参数计算。由于一个比较完整的装置或产品还包含控制电路部分，故对个别控制器件也作一个简要介绍。

第一节　概　　述

　　DC－DC 变换严格地说有 4 种电源变换类型：直流电压变换到直流电压、直流电压变换到直流电流、直流电流变换到直流电压和直流电流变换到直流电流。由于常见电源是电压源，所以本章重点放在分析直流电压变换到直流电压的电路。图 4-1 所示的电路模型就说明了降压变换的含义：输出电压 U_o 低于输入电压 U_d。因为变换的目的就是使输出的直流电压不同于输入的直流电压，所以输入和输出之间需要有某个或几个元件用来平衡两者电压的差值。图中的元器件就是用来平衡或者说承担输入与输出之间的电压差。

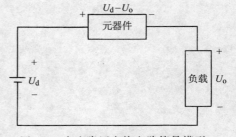

图 4-1　直流降压变换电路简易模型

显然，采用电阻元件就可实现变换功能。但是要知道，电阻元件会消耗许多电能，这使得变换电路的效率大为降低，是不可取的。可见要平衡输入、输出之间的电压，只能采用非耗能元件，如电感器或电容器。可是如果用电感或电容直接取代图 4-1 中的元器件，就会发现电路功能无法实现。例如，将电感元件取代图中元器件，虽然输入直流电流可以通过，但因为电感元件两端平均电压只能为零，不能平衡输入与输出之间的电压差，所以不能将电感器直接用做元件。同理，因为电容器不能通过直流电流，所以也不能充当图中的降压元件使用。

由此可以考虑是否再引入开关器件，而理想开关器件是不耗能的。不过，为了达到真正的变换效果，开关器件必须与储能元件配合使用才行。

图 4-2 所示是一个采用开关器件及储能元件的降压电路模型。图中两个开关器件周期性轮流开通和关断。

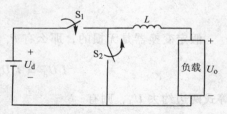

当开关 S_1 接通时，开关 S_2 断开，反之亦然。开关 S_1 接通时，输入电压加在开关 S_2 两端，因为开关 S_2 此时是断开的，所以不会将输入电压短路。而当开关 S_1 断开时，开关 S_2 接通，开关 S_2 两端电压为零。由于开关通断作周

图 4-2　采用开关器件及储能元件的降压电路模型

期性变化，所以开关 S_2 两端平均电压将比输入直流电压低，而电感两端不会产生直流电压降，所以输出端的直流电压，也就是开关 S_2 两端的平均电压。同时，可以看出输出电流无论哪个开关接通，都有流通途径。这样输出直流电压可以不同于输入电压，起到了直流电压变换的作用。而对输出电流，不管是否采用图 4-2 的结构，只要保证有通路就可。这里要说明的是，图 4-2 只是诠释了 DC – DC 变换的含义和所选择元器件应具有的物理特性，实际的电路是有所差异的。下面分析输入与输出的数量关系，进一步说明变换的原理。

图 4-3 中的 V 代替图 4-2 中开关 S_1，二极管 VD 代替了 S_2，两个管子交替导通。

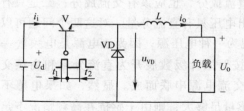

图 4-3　降压变换的一个实际电路模型

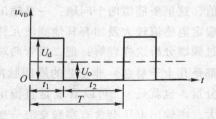

图 4-4　二极管端电压波形

当 V 导通时，因 U_d 加在 VD 两端，VD 反偏而截止，u_{VD} 等于 U_d，并持续 t_1 时间。当 V 关断时，由于电感原有电流流过，储存了能量，要通过负载和 VD 释放，所以 VD 导通，u_{VD} 为零，并持续 t_2 时间。管子开关状态周期性变化，那么 $T = t_1 + t_2$ 就是变换器的工作周期，而 U_{VD} 的波形如图 4-4 所示。

若定义开关管 V 的导通占空比（Duty Ratio）为 $k = t_1/T$，则由波形图上可获得 u_{VD} 电压平均值为

$$U_{VD} = \frac{1}{T} \int_0^T u_{VD} \mathrm{d}t = \frac{t_1}{T} U_d = k U_d \qquad (4-1)$$

由于周期性电压在电感两端不产生直流压降，所以输出直流电压平均值 U_o 等于 U_{VD}，即

$$U_o = U_{VD} = k U_d \qquad (4-2)$$

变换器的直流输入和输出功率分别为

$$P_i = I_i U_d$$

$$P_o = I_o U_o = \frac{U_o^2}{R} \tag{4-3}$$

假定变换器是无损的，那么有 $P_i = P_o$，即

$$I_i U_d = I_o U_o = \frac{U_o^2}{R} = k U_d \frac{k U_d}{R} = k U_d I_o$$

等式两边约去 U_d，则有

$$I_o = \frac{I_i}{k} \tag{4-4}$$

由式（4-1）可知，当 k 从 0 变到 1 时，输出电压平均值从零变到 U_d，输入电流平均值将是输出电流平均值的 k 倍。可以看出，当输入电压为一个定值时，改变 k 值，就可改变输出电压的大小。对此例来讲，实现的是降压变换。从上述输入、输出电压及式（4-4）电流的关系来看，此类变换器具有交流变压器的类似关系。所以，也可把直流变换器看成直流变压器。

k 的改变通常可以通过改变 t_1 或 T 来实现。也就是说其工作方式有两种：

1）脉宽调制工作方式：维持 T 不变，改变 t_1。

2）频率调制工作方式：维持 t_1 不变，改变 T。

至于采用哪种应用方式，或混合应用，应视具体情况而定。但普遍采用的是脉宽调制工作方式。因为采用频率调制工作方式，容易产生谐波干扰，而且滤波器的设计也比较困难。

从这个例子可以看出负载端的直流电压，也即输出直流电压就是二极管两端电压的平均值，这里要搞清两个问题：一是输出电压不仅有直流成分，也应该有交流成分；二是只有在假定电感值较大及加有其他滤波元件时可认为输出电压只有直流分量。对这两个问题可以通过频域分析这样理解：把二极管两端的电压 u_{VD} 视为一种电压源，因为该电源是电频（一般都是几十千赫兹）非正弦的周期脉冲波，因此可按傅里叶级数展开为直流分量和高频交流分量，也就是 u_{VD} 可以看成是直流电源和一系列交流电源串联而成。显然，如果电感不够大，则输出电压会含有高频交流分量。但如果电感量足够大，则由于感抗在高频情况下足够大，故高频交流分量都降在电感两端，则输出电压几乎只有直流分量。如果输出端再加滤波措施，则可把输出电压看成只包含直流成分的电压。这也就证实了此类电路是一种直流-直流变换电路。

综上所述，要实现变换，应该采用开关器件和无损耗元件。在下面介绍的各种变换器中，开关器件可采用第二章介绍的各类功率器件，无损耗元件采用电感、电容或高频变压器。

第二节　Buck 降压电路

Buck 降压变换电路如图 4-5 所示，它是一种降压变换器，其输出电压平均值 U_o 总是小于输入电压 U_d。通过电感中的电流 i_L 可以连续，也可不连续，并取决于开关频率、滤波电感 L 和负载电流 I_o 的大小。下面就电感电流连续和不连续两种情况分别予以介绍。

一、电感电流连续时

先分析电感电流 i_L 连续的情况。在电路的输入端加电压后，需经过一段比较短的时间，

才进入稳定工作状态。暂态过程分析十分复杂，下面只分析稳态过程。其工作过程在一个周期内按时间可分为两个时段，对应两种不同的电路工作模式，见图 4-6。稳态时的电感电流连续，相关电压及电流的波形如图 4-7 所示。

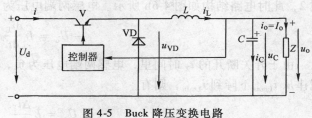

图 4-5 Buck 降压变换电路

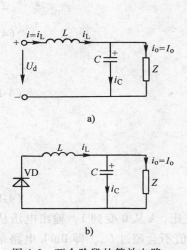

图 4-6 两个阶段的等效电路
a）模式 1　b）模式 2

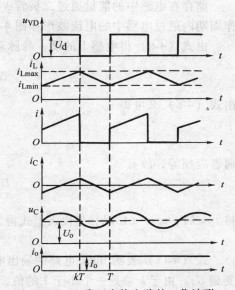

图 4-7 Buck 降压变换电路的工作波形

1. 工作原理

（1）第 1 时段（$0 \leqslant t \leqslant t_1 = kT$）　设在上一时段 V 管是关断的，而 VD 管由于电感作用处于续流状态。在 $t = 0$ 时刻，V 管被激励趋于导通，VD 管要承受反压，故电流 i_{VD} 迅速下降，而 V 管电流迅速上升。这个过程相对开关周期很短，可认为瞬间完成。因此 V 很快完成导通，VD 很快截止。这里 VD 的作用就相当于上一节 S_2 的作用。这时电路工作于模式 1，如图 4-6a 所示。在 V 管接通的 t_1 时间内，V 管流过的电流就是电感电流，电感 L 中的电流 i_L 直线上升，能量储存于电感中。

在 t_1 时间里，开关接通，于是有

$$U_d - U_o = L \frac{di_L}{dt} \tag{4-5}$$

若假定在这期间的 U_o 不变，电感电流按直线规律从 i_{Lmin} 上升到 i_{Lmax}，则有

$$U_d - U_o = L \frac{i_{Lmax} - i_{Lmin}}{t_1} = L \frac{\Delta i_L}{t_1} \tag{4-6}$$

（2）第 2 时段（$t_1 \leqslant t \leqslant T$）　在 $t = t_1$ 时刻 V 管关断，由于电感储能作用，电感电流必须要按某一路径流通，能量要释放。从图 4-5 中可以看出，二极管 VD 势必导通，电感电流可通过负载、VD 形成通电回路。这样 V 管中电流 i 迅速地转换到 VD 中去，电路工作于模

式 2，此时电路结构如图 4-6b 所示。电感两端电压为

$$- U_o = L \frac{di_L}{dt} \tag{4-7}$$

由于开关断开的 t_2 时间里，电感两端电压为负，所以在这期间的电感中电流 i_L 按直线规律从 i_{Lmax} 下降到 i_{Lmin}，则有

$$U_o = L \frac{\Delta i_L}{t_2} \tag{4-8}$$

储存在电感中的能量通过二极管 VD 提供给负载 Z，电感中的电流下降。所以在一个工作周期内通过电感中的电流波形如图 4-7 所示。

由式（4-6）得电感上的峰 – 峰脉动电流为

$$\Delta i_L = \frac{U_d - U_o}{L} t_1 \tag{4-9}$$

由式（4-8）又可得

$$\Delta i_L = \frac{U_o}{L} t_2 \tag{4-10}$$

两者应相等，故有

$$\frac{U_d - U_o}{L} t_1 = \frac{U_o}{L} t_2$$

将 $t_1 = kT$，$t_2 = (1 - k) T$ 代入上式得，经过整理，可得

$$U_o = kU_d \tag{4-11}$$

式（4-11）表明 Buck 电路的输出电压平均值与 k 成正比，k 从 0 变到 1，输出电压从零变到 U_d。由于 k 总是一个小于 1 的值，所以输出电压最大值不会超过 U_d，即 Buck 电路是降压电路，其工作波形如图 4-7 所示。

2. 主要数量关系

下面导出几个主要的公式，它们对设计和确定变换电路的性能指标具有指导意义。

（1）输出电流与输入电流的关系　假定变换器是无损耗的，那么输入电流与输出电流关系同上节分析的一样

$$I_d = kI_o$$

（2）电感的纹波电流　由式（4-9）和式（4-10）可得

$$t_1 = \frac{L\Delta i_L}{U_d - U_o}$$

及

$$t_2 = \frac{L\Delta i_L}{U_o}$$

因此，开关周期 T 可表示为

$$T = \frac{1}{f} = t_1 + t_2 = \frac{LU_d \Delta i_L}{U_o(U_d - U_o)} \tag{4-12}$$

由式（4-12）亦可求得 Δi_L 的表达式为

$$\Delta i_L = \frac{U_o(U_d - U_o)}{fLU_d} \tag{4-13}$$

或
$$\Delta i_{\mathrm{L}} = \frac{U_{\mathrm{d}} k (1 - k)}{fL} \tag{4-14}$$

（3）输出的纹波电压　因为 $i_{\mathrm{L}} = i_{\mathrm{C}} + i_{\mathrm{o}}$，若假定负载电流 i_{o} 的脉动很小而可忽略，则 $\Delta i_{\mathrm{L}} = \Delta i_{\mathrm{C}}$。电感电流的直流分量只能流过负载，也就是输出电流 I_{o}。因为电容电流一周期的平均值为零，那么在 $t_1/2 + t_2/2 = T/2$ 时间内，电容充电或放电的电荷量为

$$\Delta Q = \frac{\Delta i_{\mathrm{L}}}{4} \frac{T}{2} \tag{4-15}$$

因此，电容上电压峰 – 峰脉动值为

$$\Delta U_{\mathrm{C}} = \frac{\Delta Q}{C} = \frac{\Delta i_{\mathrm{L}}}{8fC} \tag{4-16}$$

将式（4-14）及式（4-15）代入式（4-16）得

$$\Delta U_{\mathrm{C}} = \frac{U_{\mathrm{o}}(U_{\mathrm{d}} - U_{\mathrm{o}})}{8LCf^2 U_{\mathrm{d}}} \tag{4-17}$$

或

$$\Delta U_{\mathrm{C}} = \frac{U_{\mathrm{d}} k (1 - k)}{8LCf^2} \tag{4-18}$$

根据 Δi_{L}，ΔU_{C} 和 f 以及其他要求（输入和输出），依据上述公式，可大概地确定 L 和 C 值。

从波形图中可以看出，要使电感电流不出现断续，电流峰 – 峰脉动值 Δi_{L} 必须小于 2 倍的输出电流，即 $2I_{\mathrm{o}}$。令 $\Delta i_{\mathrm{L}} = 2I_{\mathrm{o}}$，可得电感电流连续时电感量临界值

$$L = \frac{U_{\mathrm{o}}(U_{\mathrm{d}} - U_{\mathrm{o}})T}{2U_{\mathrm{d}}I_{\mathrm{o}}} \tag{4-19}$$

显然，当输入、输出电压确定时，负载电流越大，维持电流连续所需电感量就越小，开关频率越高，电感量也可取得小。当发生电感电流不连续时，输出电压的公式将与上面分析的结果大不相同。

二、电感电流断续时

对 Buck 降压变换电路的电感电流不连续导电模式，这里作一个介绍。对后面几种变换电路的不连续模式，本章不再介绍，有兴趣的读者可参考有关书籍。当电感值较小或负载很轻或开关频率较低时，会发生电感电流 i_{L} 在一个周期结束前就下降到零的情况。这样，每个周期开始时，i_{L} 必然从零开始上升，而不像电流连续时那样，从某个值开始上升。这就是不连续导电模式。

在不连续导电模式下，变换器的一个周期会有 3 个时段，对应 3 个电路模式，如图 4-8 所示。这不同于只有两个时段的连续模式，其相关电流、电压波形如图 4-9 所示。

1. 工作原理

（1）第 1 时段（$0 \leqslant t \leqslant t_1 = kT$）　在这一时段里，V 开关管导通，二极管截止，等效电路如图 4-8a 所示。这时，电感电流从零开始上升，电感两端电压为

$$u_{\mathrm{L}} = U_{\mathrm{d}} - U_{\mathrm{o}}$$

（2）第 2 时段（$t_1 \leqslant t \leqslant t_2$）　在第 2 时段中，V 管截止，二极管续流导通。电路模式如

图 4-8b 所示。电感电流下降，并在下一周期 V 管开始重新导通前，电流降到零。从图中可以看出，电感两端电压变为

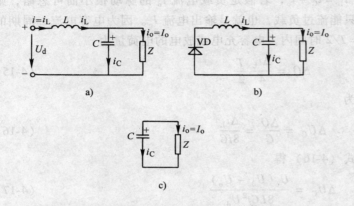

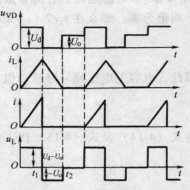

图 4-8　电感电流不连续 3 个时段的等效电路

a）第一阶段　b）第二阶段　c）第三阶段

图 4-9　Buck 降压变换电路电感
电流不连续时的工作波形

$$u_L = -U_o$$

（3）第 3 时段（$t_2 \leqslant t \leqslant T$）　这一时段电路模式如图 4-8c 所示。由于电感电流已为零，续流二极管变为截止。这是因为电感电流变为零后，维持为零，即不发生变化，故电感电压为零。这样，输出端电压通过电感加在二极管两端，使之反偏。因此，电感两端电压为

$$u_L = 0$$

下面推导电感电流不连续工作模式的输入与输出电压的关系式。

设 k_1 为 V 管导通时间与周期 T 之比，k_2 为 V 管截止时间与周期 T 之比。据此可知，时段 1 持续时间为 $k_1 T$，时段 2 持续时间为 $k_2 T$，而时段 3 持续时间为 $T - (k_1 + k_2) T$。根据稳态条件下电感电压 V – s 平衡规律，经过分段积分，有

$$\int_0^T u_L dt = (U_d - U_o)k_1 T - U_o k_2 T = 0 \qquad (4\text{-}20)$$

解得

$$M = \frac{U_o}{U_d} = \frac{k_1}{k_2 + k_1} \qquad (4\text{-}21)$$

由图 4-9 分析得稳态负载电流为

$$I_o = \frac{1}{T}\left[\frac{1}{2}(U_d - U_o)(k_1 + k_2) T \frac{k_1 T}{L}\right] = \frac{U_o}{R} \qquad (4\text{-}22)$$

从上式解得

$$\frac{1}{M} - 1 = \frac{2L}{RT}\frac{1}{k_1(k_1 + k_2)} = 0 \qquad (4\text{-}23)$$

令 $k = \dfrac{2L}{RT}$，由式（4-23）可得输出、输入电压比为

$$M = \frac{k_1}{k_1 + \dfrac{k}{k_1 + k_2}} \qquad (4\text{-}24)$$

对照式（4-21）可认为

$$k_2 = \frac{k}{k_1 + k_2}$$

故有

$$k_2^2 + k_1 k_2 - k = 0$$

解得

$$k_2 = \frac{k_1}{2}\left(\sqrt{1 + \frac{4k}{k_1^2}} - 1\right) = 0$$

将式（4-25）代入式（4-21），就可得到电压比为

$$M = \frac{U_o}{U_d} = \frac{2}{1 + \sqrt{1 + \frac{4k}{k_1^2}}} \tag{4-25}$$

显然，将不连续模式下的输出、输入电压比与连续模式下的电压比对照，有很大区别。它与 k_1 是非线性的关系。上面已介绍过保证电流连续时的电感取值要求（见式（4-19））。要保证电流连续，电感必须大于该值。但实际电路制作时，电感值一旦取定，是不会变动的。这会存在一个问题：若电感取得过大，造成体积大、成本高；取得太接近临界值，则一旦输入、输出电压变化，或负载太轻，使负载电流变小时，取定的电感量可能又达不到电流连续的要求。因为式（4-19）要求的临界电感量变大了。在 Buck 变换器构成的稳压系统中，由于输出电压经过反馈控制是稳定的，所以，当输入电压变化或负载电流变化时会导致电路有时工作于电感电流连续状态，有时工作于不连续状态。在设计反馈控制器时必须要兼顾这两种状态。

第三节　Boost 升压电路

在有些便携式设备中，如笔记本电脑内部不同元器件的工作电压可有多种，而供电电池电压只能是一种规格，这就需要直流电压变换，包括升压变换，以满足各元器件的工作电压要求。图 4-10 所示的 Boost 电路是一种典型的升压电路。其也有两种电路模式或者说每个周期有两个时段，如图 4-11 所示。其输出电压平均值将超过电源电压 U_d，其电路的工作波形如图 4-12。

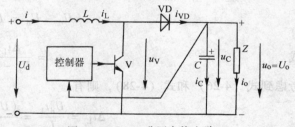

图 4-10　Boost 升压变换电路

本节及以下各节将只讨论在电感电流连续的条件下，电路的工作波形和数量关系。要了解电感电流不连续时的数量关系，读者可参考有关书籍。

1. 工作原理

（1）第 1 时段（$0 \leqslant t \leqslant t_1 = kT$）　在 $t = 0$ 时刻，V 导通，电路模式如图 4-11a 所示，电感中的电流按直线规律上升，则有

$$U_d = L \frac{i_{Lmax} - i_{Lmin}}{t_1} = L \frac{\Delta i_L}{t_1} \tag{4-26}$$

或
$$t_1 = \frac{\Delta i_{\mathrm{L}} L}{U_{\mathrm{d}}} \tag{4-27}$$

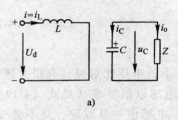

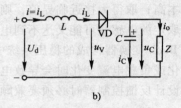

图 4-11　两个时段的等效电路

a）V 管导通等效电路

b）V 管关断等效电路

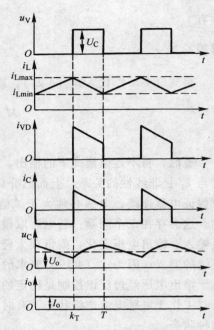

图 4-12　Boost 升压变换电路的工作波形

（2）第 2 时段（$t_1 \leqslant t \leqslant T$）　在 $t = t_1$ 时刻，V 管断开，电路模式如图 4-11b 所示。若假定在这期间的电感电流仍按直线规律从 i_{Lmax} 降到 i_{Lmin}，则有

$$U_{\mathrm{o}} - U_{\mathrm{d}} = L \frac{\Delta i_{\mathrm{L}}}{t_2} \tag{4-28}$$

或
$$t_2 = \frac{\Delta i_{\mathrm{L}} L}{U_{\mathrm{o}} - U_{\mathrm{d}}} \tag{4-29}$$

考虑到式（4-26）和式（4-28），则有

$$\Delta i_{\mathrm{L}} = \frac{U_{\mathrm{d}} t_1}{L} = \frac{(U_{\mathrm{o}} - U_{\mathrm{d}}) t_2}{L} \tag{4-30}$$

将 $t_1 = kT$，$t_2 = (1 - k) T$ 代入上式，于是可求得

$$U_{\mathrm{o}} = \frac{U_{\mathrm{d}}}{1 - k} \tag{4-31}$$

式（4-31）证明了 Boost DC – DC 变换器是一个升压斩波电路。当 k 从 0 趋近于 1 时，U_{o} 从 U_{d} 变到任意大。

2. 基本数量关系

（1）输出电流与输入电流的关系　同第二节一样的道理，可求得

$$I = \frac{I_{\mathrm{o}}}{1 - k} \tag{4-32}$$

（2）电感的纹波电流

$$T = \frac{\Delta i_L L U_o}{U_d(U_o - U_d)} \qquad (4\text{-}33)$$

或

$$\Delta i_L = \frac{U_d(U_o - U_d)}{fLU_o} \qquad (4\text{-}34)$$

$$\Delta i_L = \frac{U_d k}{fL} \qquad (4\text{-}35)$$

（3）输出的纹波电压　若忽略负载电流脉动，那么在 $[0, t_1]$ 期间，电容上释放的电荷量反映了电容峰-峰电压脉动量，即

$$\Delta U_C = \frac{1}{C}\int_0^{t_1} i_C dt = \frac{1}{C}\int_0^{t_1} I_o dt = \frac{I_o t_1}{C} \qquad (4\text{-}36)$$

由式（4-31）可求得 $t_1 = \dfrac{U_o - U_d}{U_o f}$，代入式（4-36），得

$$\Delta U_C = \frac{I_o(U_o - U_d)}{U_o fC} \qquad (4\text{-}37)$$

或

$$\Delta U_C = \frac{I_o k}{fC} \qquad (4\text{-}38)$$

由式（4-31）可知，随着 k 的增加，输出电压将超过电源电压 U_d。当 $k = 0$ 时，输出电压为 U_d；当 $k \to 1$ 时，输出电压将变得非常大，这点在设计与应用时要予以注意。

第四节　Buck-Boost 升压-降压电路

在许多电子产品及电子设备中常使用液晶显示器作为信息显示的媒体。而液晶显示器需要负电压作为工作电压。这就要求设备中要有产生负电压的电路。Buck-Boost 电路能扮演这一角色。它是降压-升压混合电路，其突出特点是输出电压既可以小于输入电压，也可以大于它，并且输出电压极性与输入电压相反。图 4-13 所示为 Buck-Boost 的电路结构，电路的两种工作模式如图 4-14 所示。图 4-15 所示为该电路的工作波形。

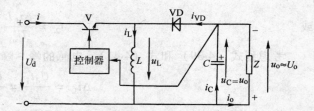

图 4-13　Buck-Boost 升压-降压变换电路

1. 工作原理

在电感电流 i_L 连续条件下，Buck-Boost 电路工作于图 4-14 所示的两种模式，同样对应了两个时段。

（1）第 1 时段（$0 \leqslant t \leqslant t_1 = kT$）　在 $t = 0$ 时刻，V 管导通，VD 管反偏置关断，输入电流 i 通过电感 L，并在这个期间按直线规律从 i_{Lmin} 上升到 i_{Lmax}，则有

$$U_d = L\frac{i_{Lmax} - i_{Lmin}}{t_1} = L\frac{\Delta i_L}{t_1} \qquad (4\text{-}39)$$

或
$$t_1 = \frac{L\Delta i_L}{U_d} \qquad (4\text{-}40)$$

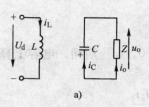

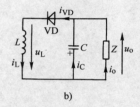

图 4-14　两个时段的等效电路

a) V 管导通等效电路　b) V 管关断等效电路

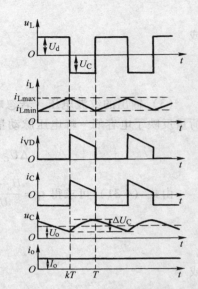

图 4-15　Buck-Boost 升压-降压
变换电路工作波形

（2）第 2 时段（$t_1 \leqslant t \leqslant T$）　在 $t = t_1$ 时刻，关断 V 管，电感中的电流通过负载和电容 C 流动，因为此时电感电压等于负载电压，而且极性为负，电感电流按直线规律从 i_{Lmax} 下降到 i_{Lmin}，则有

$$U_o = -L\frac{i_{Lmin} - i_{Lmax}}{t_2} = L\frac{i_{Lmax} - i_{Lmin}}{t_2} = L\frac{\Delta i_L}{t_2} \qquad (4\text{-}41)$$

或
$$t_2 = \frac{\Delta i_L L}{U_o} \qquad (4\text{-}42)$$

考虑到式（4-39）和式（4-41），电感的峰－峰脉动电流为

$$\Delta i_L = \frac{U_d t_1}{L} = \frac{U_o t_2}{L}$$

将 $t_1 = kT$，$t_2 = (1 - k)T$ 代入上式，则输出电压平均值为

$$U_o = \frac{kU_d}{1 - k} \qquad (4\text{-}43)$$

从式（4-43）中可以看出，当 $k < 0.5$ 时，输出电压低于输入电压。当 $k > 0.5$ 时，输出电压大于输入电压。所以此电路是一个升压-降压电路。请注意，虽然式（4-43）中 U_o 表现为正值，但它是按图 4-13 设计方向而定的，所以实际上其方向是与输入电压反向。

2. 基本数量关系

（1）输出电流与输入电流的关系　同前面分析一样，可得

$$I = \frac{I_o k}{1 - k} \qquad (4\text{-}44)$$

（2）电感的纹波电流

$$T = \frac{\Delta i_L L(U_o + U_d)}{U_d U_o} \tag{4-45}$$

$$\Delta i_L = \frac{U_d U_o}{fL(U_o + U_d)} \tag{4-46}$$

或

$$\Delta i_L = \frac{U_d k}{fL} \tag{4-47}$$

（3）输出的纹波电压　电容上的峰–峰脉动电压求法同 Boost 电路的一样，可得

$$\Delta U_C = \frac{1}{C}\int_0^{t_1} i_C \mathrm{d}t = \frac{1}{C}\int_0^{t_1} I_o \mathrm{d}t = \frac{I_o t_1}{C} \tag{4-48}$$

由式（4-43）求得 $t_1 = \dfrac{U_o}{(U_o + U_d)\, f}$，并代入式（4-48）得

$$\Delta U_C = \frac{I_o U_o}{(U_o + U_d)fC} \tag{4-49}$$

或

$$\Delta U_C = \frac{I_o k}{fC} \tag{4-50}$$

第五节　Cuk 升压-降压电路

Cuk 电路也是一种升压-降压混合电路，其输出电压极性也与输入电压极性相反，电路如图 4-16 所示。电路的稳态工作可按图 4-17 所示的两种模式进行分析。在负载电流连续条件下，其工作波形如图 4-18 所示。

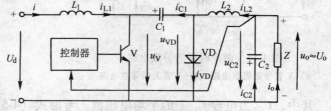

图 4-16　Cuk 升压-降压变换电路

1. 工作原理

（1）第 1 时段（$0 \leqslant t \leqslant t_1 = kT$）　在 $t = 0$ 时刻，V 管导通，电路模式如图 4-17a 所示。此刻输入电压加在电感 L_1 两端，电感储能，其电流 i_{L1} 线性增长（从 I_{L1min} 到 I_{L1max}），即有

$$u_{L1} = U_d = L_1 \frac{I_{L1max} - I_{L1min}}{t_1} = L_1 \frac{\Delta I_1}{t_1} \tag{4-51}$$

或

$$t_1 = \frac{L_1 \Delta I_1}{U_d} \tag{4-52}$$

在这期间，电容 C_1 上的电压使 VD 管反偏置，并且通过负载和电感 L_2 释放能量，负载获得反极性电压。由电路可知，在这种电路结构中，V 管和二极管 VD 是同步工作的，即 V 管导通，VD 截止；V 管截止，VD 则导通。

（2）第 2 时段（$t_1 \leqslant t \leqslant T$）　在 $t = t_1$ 时刻，V 管关断，VD 导通，电路模式如图 4-17b 所示。电感释放能量，电容 C_1 被充电，电容两端平均电压大于输入电压，所以电感 L_1 的电流 i_{L1} 下降。若假定其下降规律符合直线变化（从 I_{L1max} 下降到 I_{L1min}），则有

$$U_d - U_{C1} = L_1 \frac{I_{L1min} - I_{L1max}}{t_2} = -L_1 \frac{\Delta I_1}{t_2} \tag{4-53}$$

或
$$t_2 = \frac{L_1 \Delta I_1}{U_{C1} - U_d} \tag{4-54}$$

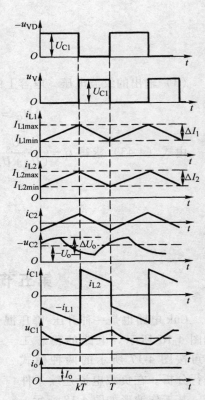

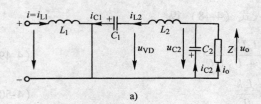

a)

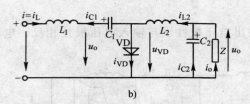

b)

图 4-17　两个时段的等效电路

a）V 管导通等效电路　b）V 管关断等效电路

图 4-18　Cuk 升压-降压电路工作波形

其中，U_{C1} 为电容 C_1 上的平均电压值。考虑式（4-51）和式（4-53），则有

$$\Delta I_1 = \frac{U_d}{L_1} t_1 = \frac{U_{C1} - U_d}{L_1} t_2$$

将 $t_1 = kT$，$t_2 = (1 - k)T$ 代入上式，则电容 C_1 上的电压平均值为

$$U_{C1} = \frac{U_d}{1 - k} \tag{4-55}$$

现考虑电感 L_2 中电流变化的情况，假定电感 L_2 中的电流变化也是按线性规律进行的，而且连续，则在 $[0, kT]$ 期间有

$$U_{C1} - U_o = L_2 \frac{I_{L2max} - I_{L2min}}{t_1} = L_2 \frac{\Delta I_2}{t_1} \tag{4-56}$$

或
$$t_1 = \frac{L_2 \Delta I_2}{U_{C1} - U_o} \tag{4-57}$$

在 $[kT, T]$ 期间，电感 L_2 两端电压为 $-U_o$，故其电流从 I_{L2max} 下降到 I_{L2min}，因此有

$$U_{L2} = -U_o = L_2 \frac{I_{L2min} - I_{L2max}}{t_2} = -L_2 \frac{\Delta I_2}{t_2} \tag{4-58}$$

$$t_2 = \frac{L_2 \Delta I_2}{U_o} \tag{4-59}$$

由式（4-56）和式（4-58）可得

$$\Delta I_2 = \frac{(U_{C1} - U_o)t_1}{L_2} = \frac{U_o t_2}{L_2} \tag{4-60}$$

将 $t_1 = kT$，$t_2 = (1-k)T$ 代入式（4-60），则得

$$U_{C1} = \frac{U_o}{k} \tag{4-61}$$

令式（4-55）等于式（4-61），则得

$$U_o = \frac{kU_d}{1-k} \tag{4-62}$$

式（4-62）的结果与 Buck-Boost 电路的是一样的。

2. 基本数量关系

（1）输出电流与输入电流关系　按前述相同办法，可求得

$$I = \frac{kI_o}{1-k} \tag{4-63}$$

（2）两个电感的纹波电流　由式（4-52）和式（4-54）可得

$$T = t_1 + t_2 = \frac{L_1 U_{C1} \Delta I_1}{U_d(U_{C1} - U_d)} \tag{4-64}$$

$$\Delta I_1 = \frac{U_d(U_{C1} - U_d)}{fL_1 U_{C1}} \tag{4-65}$$

或

$$\Delta I_1 = \frac{U_d k}{fL_1} \tag{4-66}$$

由式（4-57）和式（4-59）也可得

$$T = \frac{L_2 U_{C1} \Delta I_2}{U_o(U_{C1} - U_o)} \tag{4-67}$$

$$\Delta I_2 = \frac{U_o(U_{C1} - U_o)}{fL_2 U_{C1}} = \frac{kU_d}{fL_2} \tag{4-68}$$

（3）电容的峰-峰脉动电压　当 V 管关断时，对电容 C_1 的充电电流平均值为 $I_{C1} = I$，故电容 C_1 的峰-峰脉动电压为

$$\Delta U_{C1} = \frac{1}{C_1}\int_0^{t_2} i_{c1} \, \mathrm{d}t = \frac{1}{C_1}\int_0^{t_2} I \mathrm{d}t = \frac{It_2}{C_1} \tag{4-69}$$

将 $t_2 = \Delta I_2/U_o$，$L_2 = kU_d/(fU_o)$ 代入式（4-69）得

$$\Delta U_{C1} = \frac{kIU_d}{fC_1 U_o} \tag{4-70}$$

或

$$\Delta U_{C1} = \frac{I(1-k)}{fC_1} \tag{4-71}$$

若假定负载电流 i_o 的脉动 Δi_o 可以忽略，即 $\Delta i_{L2} = \Delta i_{C2}$，那么在 $T/2$ 期间，通过 C_2 的充电电流平均值为 $I_{C2} = \Delta I_2/4$，故有

$$\Delta U_{C2} = \frac{1}{C_2}\int_0^{\frac{T}{2}} i_{C2}\mathrm{d}t = \frac{1}{C_2}\int_0^{\frac{T}{2}} \frac{\Delta I_2}{4}\mathrm{d}t = \frac{\Delta I_2}{8fC_2} \tag{4-72}$$

现将 $\Delta I_2 = \dfrac{kU_d}{fL_2}$ 代入式（4-72）得

$$\Delta U_{C2} = \frac{kU_d}{8C_2L_2f^2} \tag{4-73}$$

Cuk 电路是借助电容来传输能量的，而 Buck-Boost 电路是借助电感来传输能量的。当 V 管导通时，两个电感的电流都要通过它，因此通过 V 管的峰值电流比较大。因为传输能量是通过 C_1，所以电容 C_1 中的脉动电流也比较大。Cuk 电路的突出优点在于输入、输出电流都可处于连续状态，同时又具有升、降压功能。但由于 Cuk 电路所用器件较多，同时对电容器要求能耐受较大的脉动电流，故成本比较高，目前未能广泛应用。

第六节　晶闸管斩波电路

以上介绍的电路基本以可关断器件为例，对开关管的通断控制比较方便。但在较大功率的应用场合，如叉车的直流电动机调速，由于器件最大允许功率的限制，可关断器件可能不能胜任。这时采用大功率的普通晶闸管可以解决问题。当然，晶闸管关断问题及工作频率问题都要予以重视。基本斩波电路有几种形式，图 4-19 所示是其中 3 种。本节以图 4-19a 所示的普通晶闸管电路为例，说明其工作原理。

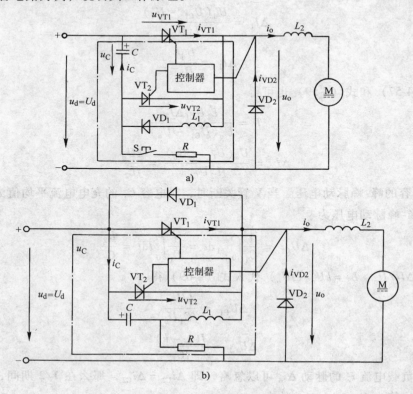

图 4-19　3 种晶闸管斩波电路

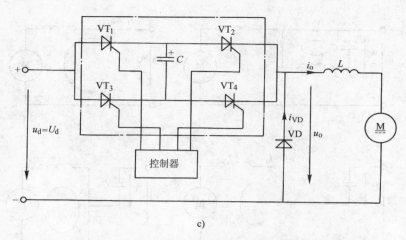

图 4-19　3 种晶闸管斩波电路（续）

　　图中的 VT_1 为主晶闸管，VT_2 为辅助晶闸管。它的换流电路由 VT_2、二极管 VD_1、电感 L 和电容 C 组成。实际上，点画线框内的这些元器件构成的是晶闸管辅助关断电路，其作用仅仅等效于一个可关断器件。欲使电路能正常工作，应使电容 C 首先得到如图所示的极性电压。

　　为此，可通过以下两个途径对电容 C 充电：

　　1）先闭合开关 S 然后断开；

　　2）在关断主晶闸管的工作程序上，应使晶闸管 VT_2 先于主晶闸管 VT_1 被触发导通。

　　电路的工作过程分析如下：

　　在 $t = t_0$ 时刻，触发 VT_1 管，负载电流 i_o 迅速从续流二极管 VD_2 转移到 VT_1 管。同时发生的是 C 通过 VT_1、L 和 VD_1 反充电，使电容上的电压极性反向，这个过程可看成 C 与 L 构成的谐振电路在起作用，其等效电路如图 4-20a 所示。当 C 反向充电到其电压反向并达到最大后，由于 VD_1 管的反向阻断作用，如图方向的反向充电电流不会再次改向，故谐振回路相当于开路，电容 C 将保持其反向电压值不变，此后等效电路如图 4-20b 所示。输入电源向电感提供能量。在电容反向充电过程中，VT_1 的反充电电流也流经晶闸管 VT_1，所以主晶闸管 VT_1 导通时，负载电流 i_o 和 i_C 都要通过它。

　　为使晶闸管 VT_1 关断，可在合适的时刻（例如 t_2 时刻）触发 VT_2 管。此时，电容 C 上的电压被接在 VT_1 管两端，因为此刻 C 上电压已是下负上正，故使承受反向电压而关断。此时还应注意到 VT_2 管刚导通时，负载上的电压跃变到 $U_d + u_C$，至少是电源电压的两倍。在 $t_2 \sim t_3$ 的这段时间内，电源对电容进行近似的恒流正向充电，使电容电压从原来的下负上正，变成上正下负。只要其值还没有充到等于输入电压，那么续流二极管仍然反偏而不导通，这段时间的等效电路如图 4-20c 所示。

　　当在 t_3 时刻，假定电容电压已充到了输入电压，并要大于输入电压，这时二极管正偏导通，电感 L 的能量通过负载和续流二极管释放。这时，电容 C 通过 VT_2 的充电电流已为零，VT_2 管关断。而此刻电容上又充电到图示极性的电压，电路恢复到初始状态，等待着 t_4 时刻对 VT_1 管进行下一次触发。这段时间的等效电路如图 4-20d 所示。斩波电路的工作波形如图 4-21 所示。根据图 4-21 所示的波形可以确定换流的参数如下：

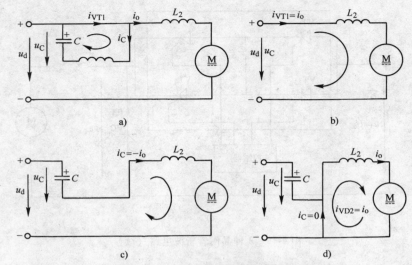

图 4-20　斩波器开关管换流时的等效电路

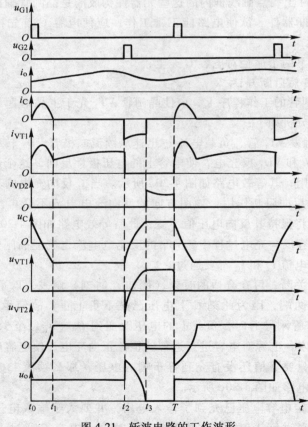

图 4-21　斩波电路的工作波形

（1）电容参数

$$C = \frac{I_{om}}{U_d} t_q \tag{4-74}$$

式中，I_{om} 为最大负载电流；t_q 为线路换向时间。

（2）电感参数

$$C\left(\frac{U_d}{I_{om}}\right)^2 \leqslant L \leqslant \frac{0.01T^2}{\pi^2 C} \tag{4-75}$$

式中，T 为斩波器的工作周期。

对于由逆导晶闸管或 GTO 组成的其他 SCR 斩波电路的工作原理，读者可参阅有关的书籍。

第七节　直流变换电路的应用技术

Buck、Boost 等变换电路比较简单，在许多情况下可直接应用。在要求输出电压稳压时，要配有控制电路。现在市场上已有多种控制集成电路芯片。具有稳压作用的 Buck 电路系统如图 4-22 所示。

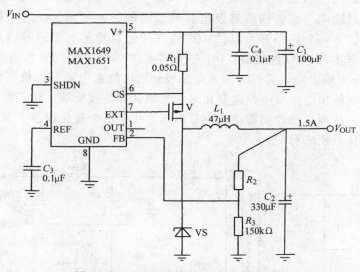

图 4-22　MAX1649 控制的 Buck 降压电路

实际上，这个电路是个闭环系统。控制芯片 MAX1649 通过 FB 引脚采样输出电压。当实际输出电压偏离了由 R_2 和 R_3 确定的输出工作电压时，经过这两个电阻分压反映到 FB 端，该分压值与控制器内部的 1.5V 参考电压比较，产生一个误差信号来控制芯片 EXT 端的输出脉冲占空比，以改变开关管导通比，这样也就调整了输出电压，使之回到原来的输出工作电压值。图中的 R_1 是开关管 V 的电流取样电阻。一旦流过管子的电流过大，电阻两端取样电压变高，它会使输出 EXT 端的驱动电压为零，让开关管截止，从而保护开关管。事物都有两面性，虽然 Buck 等变换电路简单、制作方便，但也存在几个问题：一是输入与输出共地，有些电源装置或产品出于安全或控制电路的考虑，需要电气隔离时，就不能直接应用；二是输出电压的组数只能是一组，无法同时输出多组不同规格的电压；三是在设计上灵活性不够。要弥补这些不足，可采用高频变压器与开关电路结合的方式。变压器的二次绕组可以是单组的，也可是多组的，这样能同时输出多组电源。同时变压器还起到电气隔离作用，可谓一箭双雕。变压器与开关电路的组合方式可以说是五花八门。按驱动变压器的方式分有推挽式和单端式等；按能量的馈送方式分有正激式（Active Back）和反激式（Fly Back）之分。下面通过一个比较完整的实例，阐述具有隔离变压器的直流变换器的工作原理。

图4-23 所示为一个反激式隔离型 20W 开关电源。变压器的同名端接法决定了正激式还是反激式。如果绕组 L_1 同名端位置不变，绕组 L_2 同名端改为在下方，则为正激式。U1 是带有 MOS 管驱动输出的调节控制器，根据 C 端的输入信号高低，调节 MOS 管的导通比。工作原理简述如下：当 MOS 管导通时，输入直流电压加到变压器一次绕组 L_1 两端，极性为上正下负。而绕组 L_2 感应电压则为上负下正，二极管 VD_2 反偏截止。绕组 L_3 极性同绕组 L_2，VD_3 也截止。此刻二次绕组都相当于开路。一次侧可看成一个电感，其电流逐步上升，电感储能。这个过程与 Buck 电路中开关管 V 导通时，电感电流上升的情况类同。当控制器中 MOS 管截止时，一次侧电感电流要减小，这就感应出上负下正的电压。而二次侧则为上正下负。因此，二极管要导通。一次电感存储的能量转移到二次侧电感，并通过导通的二极管，向负载及电容释放。这个过程也和 Buck 电路中 V 管截止时，电感能量通过续流二极管向负载及电容释放时的情况相同。在这个过程，二次侧电感电流逐步下降。下一个周期开始时，MOS 管又导通，重复上述的过程。由此可见，这类变换器工作的基本原理与直接 DC-DC 变换的实质是相同的，无非用变压器代替了电感。图中的 U2 是光耦合器，其一次侧光电二极管的电流在电阻元件确定情况下取决于输出电压。所以，当输出电压发生偏离变化时，光耦合器的接受端，即光控三极管的 c-e 端阻抗也发生变化，从而导致控制器输入信号电压变化。这个变化调节了 MOS 管的导通比，最终调节输出电压，使之稳定。

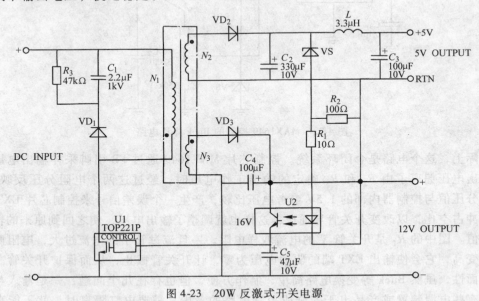

图 4-23　20W 反激式开关电源

小　结

本章主要介绍了 4 种典型直流-直流变换电路及晶闸管斩波电路工作原理和特点。通过本章的学习，要弄清楚几个问题：

1）这几个典型电路具有不同的直流-直流变换作用，如 Buck 是起降压变换作用，而 Boost 是起升压变换作用的，Cuk 起升压-降压作用，并且输出电压极性与输入电压相反。在选择电路类型时必须要根据应用的要求来决定。比如，现代电子仪器中往往采用液晶显示器（LCD）作为信息显示界面。而 LCD 就需要一个负电源供电。因此，采用 Buck-Boost 或 Cuk 电路是合适的选择。

2）隔离型的直流变换器与直接型的直流变换器本质是相同的，无非是用高频变压器（需采用高频磁心绕制，不能用普通铁心制作）代替了储能电感的作用。其作用与储能电感相同。

3）DC-DC 变换电路都工作于高频状态。其中开关器件的通断频率是比较高的，一般在 20~500kHz 之间。高频化有助于减小电容值、电感值，从而减小元器件体积和整个装置的体积。这可从电流连续条件和输出电压纹波分析的公式中得出结论。工作频率过低，电路是无法正常工作的。同时，本章电路理论推导的结果也是不适用的。

4）本章所介绍的典型电路仅仅是起变换作用的主电路。在许多场合，要求输出电压是稳定的，或者可以调整但也要稳定。也就是说电路要具有稳压作用。这时，必须要附加控制电路，以形成反馈控制使输出电压自动调节而稳定。目前，有许多集成电路专用控制芯片可选用，本章的例子所选的芯片就是其中一种。当然，也可采用运算放大器，甚至分立元件等构成控制器。

5）电感、电容元件被视为无损耗元件，只能是一种理想的情况。实际的元件都存在寄生电阻。电感元件的等效电路是电阻与电感串联，而电容元件的等效电路是电阻与电容的并联，所以损耗在所难免。当然损耗越小越好。虽然实际的电感、电容元件不是理想的无损耗元件，但不影响本章中各电路原理分析的正确性。

6）直流变换电路还有许多类型，在有些装置中还需与其他变换电路结合应用。另外，直流变换电路还可用于其他功能。比如，升压电路就可用作功率因数补偿技术。

习题与思考题

4-1　DC-DC 变换电路的主要元器件有哪几类？实现电压变换的基本原理是什么？

4-2　图 4-22 所示的 Buck 电路中，设输入电压为 12V，输出电压为 5V，开关频率为 100kHz，试求：

（1）占空比 k 及电感纹波电流 Δi_L；

（2）当输出电流为 1A 时，保证电感电流连续的临界电感值 L。

（3）输出电压的纹波 Δu_C。

4-3　造成电感电流不连续的因素有哪些？对电路的影响是什么？

4-4　设计一个 Boost 电路。输入电压为 3V，输出电压为 15V，输出电流为 2A，开关频率为 120kHz。要求纹波电流小于 0.01A，纹波电压小于 10mV。试求电感的最小取值及电容的最小取值。

4-5　用 MATLAB 6.1 的 Simulink 建模工具构建如图 4-24 所示的 Buck 仿真电路。其中，IGBT 管、Diode 二极管、c 电流测量、v 电压测量、RC 负载及 DC 直流电源模块均从 Power System Blockset 模块库选出。Scope、Scope1 示波器模块、Displays 数据显示模块及 Pulse Generator 脉冲发生器模块从 Sinks 和 Sources 模块中调出。设置 Pulse Generator 模块中 Period 参数为 0.00005，Pulse Width 参数为 30，进行仿真。

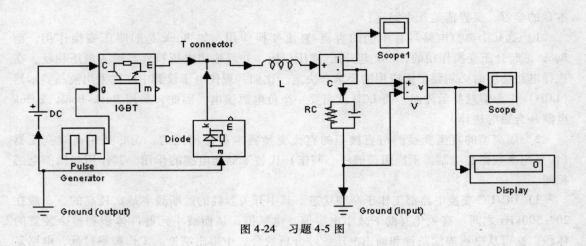

图 4-24 习题 4-5 图

第五章 直流-交流逆变电路（DC-AC Inverter）

把直流电变换成交流电（DC-AC 变换），也称逆变，是电力电子技术应用中最活跃的研究应用领域。随着电力半导体器件的发展，DC-AC 变换技术的应用范围得到进一步拓宽，它几乎渗透到国民经济的各个领域。尤其是高压、大电流、高频自关断器件的迅速发展，简化了逆变主电路、提高逆变器的性能，推动着高频逆变技术的发展。本章主要介绍 DC-AC 变换电路的知识、电压型及电流型逆变电路、谐振式逆变电路、PWM 电路、逆变装置的性能指标等。

第一节 概 述

一、逆变器的分类

逆变器的分类方法多种多样，以下是几种分类方法。

1. 按输入电源的特点分类

（1）电压型（Voltage Source TyPe Inverter，VSTI） 直流侧电源为恒压源。

（2）电流型（Current Source TyPe Inverter，CSTI） 直流侧电源为恒流源。

（3）谐振环形 谐振交流环和谐振直流环。

2. 按电路结构特点分类

（1）半桥式。

（2）全桥式。

（3）推挽式。

（4）其他形式 例如单管逆变电路等。

3. 按器件的换流特点分类

（1）器件换流 利用全控型器件自身所具有的自关断能力进行换流。如 GTO、GTR、电力 MOSFET、IGBT 等。可以通过门极信号使器件导通与关断，换流控制较为简单。常见的有方波、PWM 波、SPWM 逆变器。

（2）电网换流 由电网提供换流电压称为电网换流。如可控整流电路，无论其工作在整流状态还是有源逆变状态，都是借助于电网电压实现换流的，都属于电网换流。但是不适用于没有交流电网的无源逆变电路。

（3）负载换流 由负载提供换流电压称为负载换流。凡是负载电流的相位超前于负载电压的场合，都可以实现负载换流。有互补形式、辅助形式、串联逆变和并联逆变（SCR）等。

（4）强迫换流 设置附加的换流电路，给欲关断的晶闸管强迫施加反向电压或反向电流的换流方式称为强迫换流。强迫换流通常利用附加电容上所储存的能量来实现，因此也称为电容换流。

4. 按输出波形特点分类

（1）正弦波。

（2）非正弦波。

5. 按输出相数分类

（1）单相。

（2）三相。

6. 按负载是否为交流电源分类

（1）有源逆变　负载为交流电源。

（2）无源逆变　负载无交流电源。

二、逆变电路的工作原理与基本结构

1. 逆变电路的工作原理

如图 5-1a 所示，以单相桥式无源逆变电路为例分析其工作原理，开关符号 S_1、S_2、S_3、S_4 表示电力电子开关器件的 4 个桥臂。当开关 S_1、S_4 为闭合，S_2、S_3 断开时，负载电压 u_o 为正；当开关 S_1、S_4 断开，S_2、S_3 闭合时，u_o 为负，其电压与电流波形如图 5-1b 所示。这样，就把直流电变成了交流电，改变两组开关的切换频率，即可改变输出交流电的频率。这就是逆变电路最基本的工作原理。当负载为电阻时，负载电流 i_o 和电压 u_o 的波形形状相同，相位也相同。当负载为阻感时，i_o 相位滞后于 u_o，两者波形的形状也不同，图 5-1 给出的就是电阻串电感负载时的波形。设 t_1 时刻以前 S_1、S_4 导通，u_o 和 i_o 均为正。在 t_1 时刻断开 S_1、S_4，同时合上 S_2、S_3，则 u_o 的极性立刻变为负。但是，因为负载中有电感，其电流极性不能立刻改变而仍维持原方向。这时负载电流从直流电源负极流出，经 S_2、负载和 S_3 流回正极，负载电感中储存的能量向直流电源反馈，负载电流逐渐减小，到 t_2 时刻降为零，之后，i_o 才反向并逐渐增大。S_2、S_3 断开，S_1、S_4 闭合时的情况类似。以上是 $S_1 \sim S_4$ 均为理想开关时的分析，实际电路的工作过程要复杂一些。

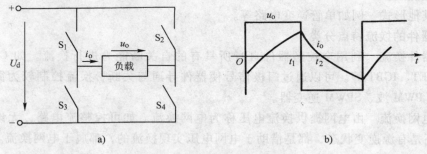

图 5-1　逆变电路及负载波形

a）单相桥式无源逆变电路　b）负载的电压与电流波形

2. 逆变电路的基本结构

上面讨论的仅仅是逆变器的 DC-AC 变换的主电路，要构成一个完整的逆变器系统除了主电路之外还要有输入、输出、驱动与控制、保护等电路，其基本结构如图 5-2 所示。各个部分简要介绍如下：

（1）输入电路　逆变主电路输入为直流电，如直流电网或蓄电池供电，若是交流电网

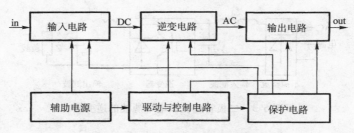

图 5-2　逆变器系统基本结构框图

首先还必须有整流电路。

（2）输出电路　输出电路一般都包括输出滤波电路。对隔离式逆变器，在输出电路的前面还有逆变变压器。对于开环控制的逆变系统，输出量不用反馈到控制电路，而对于闭环控制的逆变系统，输出量还要反馈到控制电路。

（3）驱动与控制电路　驱动控制电路的功能是按要求产生和调节一系列的控制脉冲来控制逆变开关管的导通和关断，从而配合逆变主电路完成逆变功能。在逆变系统中，控制电路和逆变主电路具有同样的重要性。

（4）辅助电源　辅助电源的功能是将逆变器的输入电压变换成适合控制电路工作的直流电压。

（5）保护电路　保护电路主要有以下几种：

1）输入过电压保护、欠电压保护。因为是电网问题，一般可以自恢复。

2）输出过电压保护、欠电压保护。一般是故障问题，最好是不可恢复的。

3）过载保护。有时是瞬间过载，通常是可自恢复的。

4）过电流和短路保护。属于故障，通常是不可自恢复的。

三、逆变器输出波形性能指标

直流-交流功率变换是通过逆变器实现的。逆变器的输入为直流，输出为交流，交流输出电压除含有较大的基波成分外，还可能含有一定频率和幅值的谐波，其基波频率和幅值都应该可以调节控制。

1. 谐波系数 *HF*（Harmonic Factor）

第 n 次谐波系数 *HF* 定义为第 n 次谐波分量有效值同基波分量有效值之比，即

$$HF_n = \frac{U_n}{U_1}$$

2. 总谐波系数 *THD*（Total Harmonic Distortion Factor）

总谐波系数 *THD* 定义为

$$THD = \frac{1}{U_1} \sqrt{\sum_{n=2,3,4,\cdots}^{\infty} U_n^2}$$

总谐波系数表征了一个实际波形同其基波分量接近的程度。输出为理想正弦波时，$THD = 0$。

3. 畸变系数 *DF*（Distortion Factor）

通常逆变电路输出端经 $L_o C_o$ 滤波器再接负载，如图 5-3 所示。若逆变电路输出的 n 次

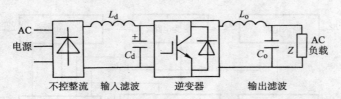

图 5-3　二极管整流供电带滤波的逆变器

谐波（$n\omega$）有效值为 U_n，则经 L_oC_o 滤波器衰减以后输出到负载的 n 次谐波电压 U_{Ln} 近似为

$$U_{Ln} = \frac{U_n}{n^2\omega^2L_oC_o - 1}$$

适当地选择 L_oC_o 使 n 次谐波容抗远小于感抗，即 $1/(n\omega C_o) \ll n\omega L_o$，$1/L_oC_o \ll n^2\omega^2$，谐振频率 $\omega_o = 1/\sqrt{L_oC_o} \ll n\omega$，则

$$U_{Ln} \approx \frac{U_n}{n^2\omega^2L_oC_o} = \frac{U_n}{n^2(\omega/\omega_0)^2} = \frac{U_n}{(n\omega/\omega_0)^2}$$

上式表明逆变电路输出端的 n 次谐波电压经 L_oC_o 滤波器后要衰减 n^2（ω/ω_0）倍。谐波阶次越高，经同一 L_oC_o 滤波器衰减后它对负载的影响越小。总谐波系数 THD 显示了总的谐波含量，但并不能告诉我们每一个谐波分量对负载的影响程度。很显然，逆变电路输出端的谐波通过滤波器时，高次谐波将衰减得更厉害。为了表征经二阶 LC 滤波后负载电压波形还存在畸变的程度，引入畸变系数 DF，并定义如下：

$$DF = \frac{1}{U_1}\sqrt{\sum_{n=2,3,4,\cdots}^{\infty}\left(\frac{U_n}{n^2}\right)^2}$$

对于第 n 次谐波的畸变系数 DF_n 可定义如下：

$$DF_n = \frac{U_n}{U_1n^2}$$

4. 最低次谐波 *LOH*（Lowest-Order Harmonic）

最低次谐波定义为与基波频率最接近的谐波。

5. 其他指标

对于逆变装置来说，其性能指标除波形性能指标外，还应包括下列内容：

1）逆变效率。

2）单位重量（或单位体积）输出功率。

3）可靠性指标。

4）逆变器输入电流交流分量的数值和脉动频率。

5）电磁干扰 EMI 及电磁兼容性 EMC。

第二节　电压型逆变电路

常用的电压源型逆变电路有单相和三相两种，本节主要介绍各种电压型逆变电路的基本构成、工作原理和特性。图 5-4 是电压型逆变电路的一个例子，它是图 5-1 电路的具体实现。

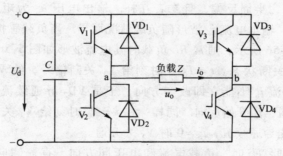

图 5-4 电压型逆变电路

电压型逆变电路有以下几个主要特点：

1）直流侧为电压源，直流回路呈现低阻抗，或并联有大电容，直流侧电压基本无脉动。

2）由于直流电压源的钳位作用，交流侧输出电压波形为矩形波，并且与负载阻抗角无关，而交流侧输出电流波形和相位因负载阻抗情况的不同而不同。

3）当交流侧为电阻加电感负载时，需要提供无功功率，直流侧电容起缓冲无功能量的作用。为了给交流侧向直流侧反馈的无功能量提供通道，逆变桥各臂都并联了反馈二极管。

一、单相电压型逆变电路

1. 半桥逆变电路

半桥逆变电路原理图如图 5-5a 所示，它有两个桥臂，每个桥臂由 1 个可控器件和 1 个反并联二极管组成。两只分压电容的电容量足够大，当功率开关器件通、断状态改变时，电容电压保持为 $U_d/2$ 基本不变。两个电容的连接点便成为直流电源的中点，负载连接在直流电源中点和两个桥臂连接点之间。等效负载电压、电流分别用 u_o、i_o 表示。

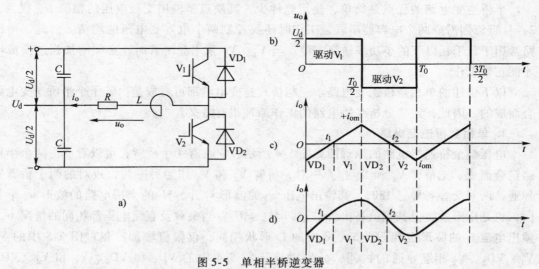

图 5-5 单相半桥逆变器

a）电路 b）负载上电压波形

c）$\omega L \to \infty$ 时的电流波形 d）RL 负载时的电流波形

V_1、V_2 是全控型开关器件，它们交替地处于通、断状态，设 V_1、V_2 的栅极信号在一个周期内各有半周正偏，半周反偏，且二者互补。输出电压 u_o 为矩形波，其幅值为 $U_m = U_d/2$，如图 5-5c 所示。输出电流 i_o 波形随负载情况而异。当负载感抗 $\omega L \to \infty$（或 $\omega L \gg R$）时，其电流波形如图 5-5c 所示；通常 RL 负载时其电流波形如图 5-5d 所示。设 t_1 时刻以前 V_1 为导通状态，V_2 为关断状态。$t = T_0/2$ 时刻给 V_1 关断信号，给 V_2 开通信号，则 V_1 关断，但感性负载中的电流 i_o 不能立即改变方向，于是 VD_2 导通续流。在 t_2 时刻 i_o 降为零时，VD_2 截止，V_2 开通，i_o 开始反向。同样，在 $t = T_0$ 时刻给 V_2 关断信号，给 V_1 开通信号后，V_2 关断，VD_1 先导通续流，$i_o = 0$ 时 V_1 才开通。

当 V_1 或 V_2 为导通状态时，负载电流和电压同方向，直流侧向负载提供能量；而当 VD_1 或 VD_2 为导通状态时，负载电流和电压反向，负载电感中储存的能量向直流侧反馈，即负载电感将其吸收的无功能量反馈回直流侧。反馈回的能量暂存在直流侧电容器中，直流侧电容起着缓冲无功能量的作用。二极管 VD_1、VD_2 起着使负载电流连续的作用，也是负载向直流侧反馈能量的通道，故称为续流二极管或反馈二极管。

逆变器输出电压 u_o 为 180° 的方波，幅度为 $U_d/2$。输出电压的有效值为

$$U_o = \sqrt{\frac{2}{T_0}\int_0^{T_0/2}\frac{U_d^2}{4}\mathrm{d}t} = \frac{U_d}{2} \qquad (5\text{-}1)$$

由傅里叶级数分析，输出电压 u_o 基波分量的有效值为

$$U_{o1} = \frac{2U_d}{\sqrt{2}\pi} = 0.45U_d \qquad (5\text{-}2)$$

当负载为 RL 时，输出电流 i_o 基波分量为

$$i_{o1}(t) = \frac{\sqrt{2}U_{o1}}{\sqrt{R^2 + (\omega L)^2}}\sin(\omega t - \varphi) \qquad (5\text{-}3)$$

式中，φ 为 i_{o1} 滞后输出电压 u_o 的相位角，$\varphi = \arctan(\omega L/R)$。

半桥逆变电路的优点是简单，使用器件少；其缺点是输出交流电压的幅值 U_{om} 仅为 $U_d/2$，且直流侧需要两个电容器串联，工作时还要控制两个电容器电压的均衡。因此，半桥电路常用于几千瓦以下的小功率逆变电源。当 V_1、V_2 采用晶闸管时，必须附加强迫换流电路才能正常工作。

以下讲述的单相全桥逆变电路、三相桥式逆变电路都可看成是由若干个半桥逆变电路组合而成的，因此，正确分析半桥电路的工作原理很有意义。

2. 单相全桥逆变电路

电压型全桥逆变电路的原理图如图 5-4 所示，它共有 4 个桥臂，可以看成由两个半桥电路组合而成。把桥臂 V_1 和 V_4 作为一对，桥臂 V_2 和 V_3 作为另一对，成对的两个桥臂同时导通，两对交替各导通 180°。其输出电压 u_o 的波形与图 5-5b 的半桥电路的波形 u_o 形状相同，也是矩形波，但其幅值高出一倍，即 $U_{om} = U_d$。当负载及直流电压都相同的情况下，其输出电流 i_o 的波形也和图 5-5c、d 中的 i_o 形状相同，仅幅值增加一倍。图 5-5 中的 VD_1、V_1、VD_2、V_2 相继导通的区间，分别对应于图 5-4 中的 VD_1 和 VD_4、V_1 和 V_4、VD_2 和 VD_3、V_2 和 V_3 相继导通的区间。关于无功能量的交换，对于半桥逆变电路的分析也完全适用于全桥逆变电路。

全桥逆变电路是单相逆变电路中应用最多的，以下将对输出电压、电流做定量分析。把

幅值为 U_d 的矩形波 u_o 展开成傅里叶级数得：

$$u_o = \frac{4U_d}{\pi}\left(\sin\omega t + \frac{1}{3}\sin3\omega t + \frac{1}{5}\sin5\omega t + \dots\right) \tag{5-4}$$

其中基波的幅值 U_{o1m} 为

$$U_{o1m} = \frac{4U_d}{\pi} = 1.27U_d \tag{5-5}$$

基波有效值 U_{o1} 为

$$U_{o1} = \frac{2\sqrt{2}U_d}{\pi} = 0.9U_d \tag{5-6}$$

RL 负载时，基波电流 i_{o1} 为

$$i_{o1} = \frac{4U_d}{\pi}\frac{1}{\sqrt{R^2 + (\omega L)^2}}\sin(\omega t - \varphi) \tag{5-7}$$

式中，$\varphi = \arctan(\omega L / R)$。

以上分析中，u_o 为正负电压都是 180° 脉冲波形。若要改变输出交流电压的有效值，只能通过改变直流电压 U_d 来实现。在 RL 负载时，还可以采用移相的方式来调节逆变电路的输出电压，这种方式称为移相调压。图 5-6 所示为单相全桥逆变移相调压方式电路及工作波形。

图 5-6a 中，各 IGBT 的栅极信号仍为 180° 正偏，180° 反偏，并且 V_1 和 V_2 的栅极信号互补，V_3 和 V_4 的栅极信号互补，但 V_3 的基极信号不是比 V_1 的基极信号落后 180°，而是只落后 θ（0° < θ < 180°）。也就是说，V_3、V_4 的栅极信号不是分别和 V_2、V_1 的栅极信号同相位，而是前移了 180° - θ。这样，输出电压 u_o 就不再是正负各为 180° 的脉冲，而是正负各为 θ 的脉冲。各功率开关器件栅极（门极）信号 $u_{G1} \sim u_{G4}$、输出电压 u_o、输出电流 i_o 的波形如图 5-6b 所示。下面对其工作过程进行具体分析。

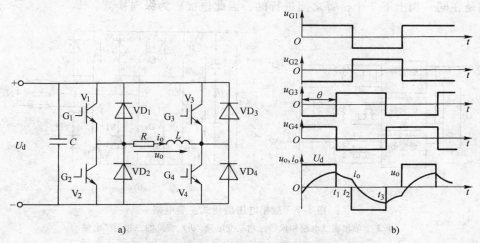

a)   b)

图 5-6   单相全桥逆变移相调压方式电路及工作波形
a）全桥逆变电路   b）移相调压波形图

设在 t_1 时刻前 V_1 和 V_4 导通，V_2 和 V_3 截止，输出电压 u_o 为 U_d，t_1 时刻 V_3 和 V_4 栅极信号互为反向，V_4 截止，而负载电感中的电流 i_o 不能突变，V_3 不能立刻导通，VD_3 导通续

流。V_1 和 VD_3 同时导通，所以输出电压为零。到 t_2 时刻 V_1 和 V_2 栅极信号互为反向，V_1 截止，而 V_2 不能立刻导通，VD_2 导通续流，和 VD_3 构成电流通道，输出电压为 $-U_d$。到负载电流过零并开始反向时，VD_2 和 VD_3 截止，V_2 和 V_3 开始导通，u_o 仍为 $-U_d$。t_3 时刻 V_3 和 V_4 栅极信号再次互为反向，V_3 截止，而 V_4 不能立刻导通，VD_4 导通续流，u_o 再次为零。以后的过程和前面类似。这样，输出电压 u_o 的正负脉冲宽度就各为 θ，改变 θ，就可以调节输出电压。

在纯电阻负载时，采用上述移相方法也可以得到相同的结果，只是 $VD_1 \sim VD_4$ 不再导通，不起续流作用。在 u_o 为零的期间，4 个桥臂均不导通，负载也没有电流。

上述移相调压方式只适用于带纯电阻负载时的半桥逆变电路。这时，上下两桥臂的栅极信号不再是各 180° 正偏、180° 反偏并且互补，而是正偏的宽度为 θ、反偏的宽度为 $360° - \theta$，二者相位差为 180°。这时，输出电压 u_o 也是正负脉冲的宽度各为 θ。

二、三相电压型逆变电路

用 3 个单相逆变电路可以组合成 1 个三相逆变电路。如图 5-7a 所示，每个单相逆变器可以是半桥式或全桥式电路。3 个单相逆变器的开关管驱动信号之间互差 120°，三相输出电压 u_U、u_V、u_W 大小相等，相差 120°，构成 1 个平衡对称的三相交流电源。通常变压器的二次绕组接成星形，以便消除负载端三倍数的谐波。但采用这种结构的三相逆变电路所用的元器件比较多。通常应用最广的还是如图 5-7b 所示的三相桥式逆变电路。

图 5-7b 电路的直流侧通常只有 1 个电容器就可以了，为了分析方便，画作串联的 2 个电容器并标出了假想中点。和单相半桥、全桥逆变电路相同，电压型三相桥式逆变电路的基本工作方式也是 180° 导电方式，即每个桥臂的导电角度为 180°，同一相（即同一半桥）上下 2 个桥臂交替导电，各相开始导电的角度依次相差 120°。在任一瞬间，将有 3 个桥臂同时导通，可能是上面 1 个臂下面 2 个臂，也可能是上面 2 个臂下面 1 个臂同时导通。因为每次换流都是在同一相上下 2 个桥臂之间进行的，因此也被称为纵向换流。

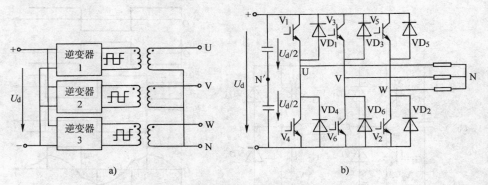

图 5-7　三相电压型桥式逆变电路
a）3 个单相逆变电路构成的三相逆变电路　b）常见的三相逆变电路

下面来分析电压型三相桥式逆变电路的工作波形。对于 U 相输出来说，当 V_1 导通时，$u_{UN'} = U_d/2$，当 V_4 导通时 $u_{UN'} = -U_d/2$。因此，$u_{UN'}$ 的波形是幅值为 $U_d/2$ 的矩形波。V、W 两相的情况和 U 相类似，$u_{UN'}$、$u_{VN'}$、$u_{WN'}$ 的波形形状相同，相位依次差 120°，如图 5-8a、b、c 所示。

负载线电压 u_{UV}、u_{VW}、u_{WU} 可由下式求出

$$\left.\begin{array}{l} u_{UV} = u_{UN'} - u_{VN'} \\ u_{VW} = u_{VN'} - u_{WN'} \\ u_{WU} = u_{WN'} - u_{UN'} \end{array}\right\} \quad (5\text{-}8)$$

依照式（5-8）可画出 u_{UV} 的波形，如图 5-8d 所示。

设负载中点 N 与直流电源假想中点 N' 之间的电压为 $u_{NN'}$，则负载各相的相电压分别为

$$\left.\begin{array}{l} u_{UV} = u_{UN'} - u_{NN'} \\ u_{VW} = u_{VN'} - u_{NN'} \\ u_{WU} = u_{WN'} - u_{NN'} \end{array}\right\} \quad (5\text{-}9)$$

把上式（5-9）整理可求得

$$u_{NN'} = \frac{1}{3}(u_{UN'} + u_{VN'} + u_{WN'}) - \frac{1}{3}(u_{UN} + u_{VN} + u_{WN})$$

设负载为三相对称负载，则有 $u_{UN} + u_{VN} + u_{WN} = 0$，故可得

$$u_{NN'} = \frac{1}{3}(u_{UN'} + u_{VN'} + u_{WN'}) \quad (5\text{-}10)$$

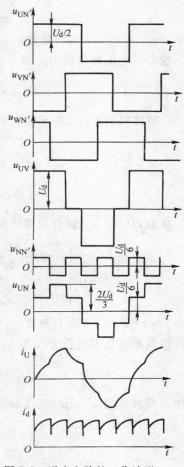

图 5-8　逆变电路的工作波形

$u_{NN'}$ 的波形如图 5-8e 所示，它也是矩形波，但其频率为 u_{UN} 频率的 3 倍，幅值为 $U_d/6$，是 u_{UN} 幅值的 1/3。图 5-7f 给出了利用式（5-9）和式（5-10）绘出的 u_{UN} 波形，u_{VN}、u_{WN} 的波形形状和 u_{UN} 相同，仅相位依次相差 120°。

当负载为三相对称 RL 时，可以由 u_{UN} 的波形求出 U 相电流 i_U 的波形，如图 5-8g 所示。当负载的阻抗角 φ（$\varphi = \arctan(\omega L/R)$）不同时，$i_U$ 的波形形状和相位都有所不同。图 5-8g 给出的是 $\varphi < \pi/3$ 时 i_U 的波形。桥臂 V_1 和桥臂 V_4 之间的换流过程和半桥电路相似。V_1 从通态转换到断态时，因负载电感中的电流不能突变，V_4 中的 VD_4 先导通续流，待负载电流降到零，V_4 中电流反向时，V_4 才开始导通。负载阻抗角 φ 越大，VD_4 导通时间就越长。i_U 的上升段即为 V_1 导电的区间，其中 $i_U < 0$ 时为 VD_1 导通，$i_U > 0$ 时为 V_1 导通；i_U 的下降段即为 V_4 导电的区间，其中 $i_U > 0$ 时为 VD_4 导通，$i_U < 0$ 时为 V_4 导通。

i_V、i_W 的波形和 i_U 形状相同，相位依次相差 120°。把桥臂 V_1、V_3、V_5 的电流加起来，就可得到直流侧电流 i_d 的波形，如图 5-8h 所示。可以看出，i_d 每隔 60° 脉动一次，而直流侧电压是基本无脉动的。因此，逆变器从交流侧向直流侧传送的功率是脉动的，且脉动的情况和 i_d 脉动情况大体相同，这也是电压型逆变电路的一个特点。

下面对三相桥式逆变电路的输出电压进行定量分析。输出线电压 u_{UV} 展开成傅里叶级数得

$$u_{UV} = \frac{2\sqrt{3}U_d}{\pi}\left(\sin\omega t - \frac{1}{5}\sin5\omega t - \frac{1}{7}\sin7\omega t + \frac{1}{11}\sin11\omega t + \frac{1}{13}\sin13\omega t - \cdots\right)$$

$$= \frac{2\sqrt{3}U_d}{\pi}\Big[\sin\omega t + \sum_n \frac{1}{n}(-1)^k\sin n\omega t\Big]$$

式中，$n = 6k \pm 1$，k 为自然数。

输出线电压有效值 U_{UV} 为

$$U_{UV} = \sqrt{\frac{1}{2\pi}\int_0^{2\pi}u^2{}_{UV}\mathrm{d}(\omega t)} = 0.816U_d \tag{5-11}$$

其中，基波幅值 U_{UV1m} 和基波有效值 U_{UV1} 分别为

$$U_{UV1m} = \frac{2\sqrt{3}U_d}{\pi} = 1.1U_d \tag{5-12}$$

$$U_{UV1} = \frac{U_{UV1m}}{\sqrt{2}} = \frac{\sqrt{6}}{\pi}U_d = 0.78U_d \tag{5-13}$$

负载相电压 u_{UN} 展开成傅里叶级数得

$$u_{UN} = \frac{2U_d}{\pi}\Big(\sin\omega t + \frac{1}{5}\sin5\omega t + \frac{1}{7}\sin7\omega t + \frac{1}{11}\sin11\omega t + \frac{1}{13}\sin13\omega t + \cdots\Big)$$

$$= \frac{2U_d}{\pi}\Big(\sin\omega t + \sum_n \frac{1}{n}\sin n\omega t\Big)$$

式中，$n = 6k \pm 1$，k 为自然数。

负载相电压有效值 U_{UN} 为

$$U_{UN} = \sqrt{\frac{1}{2\pi}\int_0^{2\pi}u^2{}_{UN}\mathrm{d}(\omega t)} = 0.471U_d \tag{5-14}$$

其中，基波幅值 U_{UN1m} 和基波有效值 U_{UN1} 分别为

$$U_{UN1m} = \frac{2U_d}{\pi} = 0.637U_d \tag{5-15}$$

$$U_{UN1} = \frac{U_{UN1m}}{\sqrt{2}} = 0.45U_d \tag{5-16}$$

为了防止同一相上下两桥臂的开关器件同时导通而引起直流侧电源短路，在上述 180° 导电方式逆变器中，要采取"先断后通"的方法。即先给应关断的器件关断信号，待其关断后经一定的时间延时，然后再给应导通的器件发出开通信号，即在两者之间留一个短暂的死区时间。死区时间的长短要视器件的开关速度而定，器件的开关速度越快，所留的死区时间就可以越短。这一"先断后通"的方法对于工作在上下桥臂通断互补方式下的其他电路也是适用的。显然，前述的单相半桥和全桥逆变电路也必须采取这一方法。

第三节　电流型逆变电路

电流型逆变电路一般是在逆变电路直流侧串联 1 个大电感，大电感中流过的电流脉动很小，因此可近似看成直流电流源。而实际上理想直流电流源并不易得。

图 5-9 所示为电流型三相桥式逆变电路。图中的 GTO 使用反向阻断型器件。假如使用反向导电型 GTO，必须给每个 GTO 串联二极管以承受反向电压。图中的交流侧电容器是为吸收换流时负载电感中存储的能量而设置的，是电流型逆变电路的必要组成部分。

电流型逆变电路有以下主要特点：

1）直流侧串联有大电感，相当于电流源。直流侧电流基本无脉动，直流回路呈现高阻抗。

2）电路中开关器件的作用仅是改变直流电流的流通路径。因此，交流侧输出电流为矩形波，并且与负载阻抗角无关，而交流侧输出电压波形和相位则因负载阻抗情况的不同而不同。

3）当交流侧为阻感负载时需要提供无功功率，直流侧电感起缓冲无功能量的作用。因为反馈无功能量时直流电流并不反向，所以不必像电压型逆变电路那样要给开关器件反并联二极管。

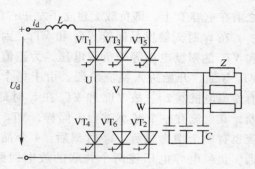

图 5-9　电流型三相桥式逆变电路

下面仍分单相逆变电路和三相逆变电路来讲述。和讲述电压型逆变电路有所不同，前面所列举的各种电压型逆变电路都采用全控型器件，换流方式为器件换流。采用半控型器件的电压型逆变电路已很少应用。而电流型逆变电路中，采用半控型器件的电路仍应用较多，就其换流方式而言，有的采用负载换流，有的采用强迫换流。因此，在学习下面的各种电流型逆变电路时，应对电路的换流方式予以充分的注意。

一、单相电流型逆变电路

图 5-10 所示是一种单相桥式电流型逆变电路的原理图。电路由 4 个桥臂构成，每个桥臂的晶闸管各串联 1 个电抗器 L_T。L_T 用来限制晶闸管开通时的 di/dt，各桥臂的 L_T 之间不存在互感。使 V_1、V_4 和 V_2、V_3 以 1～2.5kHz 的中频轮流导通，就可以在负载上得到中频交流电。

该电路是采用负载换流方式工作的，要求负载电流略超前于负载电压，即负载略呈容性。实际负载一般是电磁感应线圈，用来加热置于线圈内的锻造钢铁工件。图 5-10 中的 R 和 L 串联即为感应线圈的等效电路。由于功率因数很低，故并联补偿电容器 C。C、L 和 R 构成并联谐振电路，故这种逆变电路也被称为并联谐振式逆变电路。

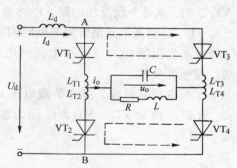

图 5-10　单相桥式电流型（并联谐振式）逆变电路原理图

负载换流方式要求负载电流超前于电压，因此补偿电容应使负载过补偿，使负载电路总体上工作在容性小、失谐的情况下。

因为是电流型逆变电路，故其交流输出电流波形接近矩形波，其中包含基波和各奇次谐波，且谐波幅值远小于基波。因为基波频率接近负载电路谐振频率，所以负载电路对基波呈现高阻抗，而对谐波呈现低阻抗，谐波在负载电路上产生的压降很小，为此负载电压的波形接近正弦波。

图 5-11 所示是该逆变电路的工作波形。在交流电流的一个周期内，有两个稳定导通阶段和两个换流阶段。

t_1～t_2 之间为晶闸管 VT_1 和 VT_4 稳定导通阶段，负载电流 $i_o = I_d$，近似为恒值，t_2 时刻

之前在电容 C 上，即负载上建立了左正右负的电压。

　　在 t_2 时刻触发晶闸管 VT_2 和 VT_3，因在 t_2 前 VT_2 和 VT_3 的阳极电压等于负载电压，为正值，故 VT_2 和 VT_3 导通，开始进入换流阶段。由于每个晶闸管都串有换流电抗器 L_T，故 VT_1 和 VT_4 在 t_2 时刻不能立刻关断，其电流有一个减小过程。同样，VT_2 和 VT_3 的电流也有一个增大过程。t_2 时刻后，4 个晶闸管全部导通，负载电容电压经两个并联的放电回路同时放电。其中一个回路是经 L_{T1}、VT_1、VT_3、L_{T3} 回到电容 C；另一个回路是经 L_{T2}、VT_2、VT_4、L_{T4} 回到电容 C，如图 5-10 中虚线所示。在这个过程中，流过 VT_1、VT_4 电流逐渐减小，流过 VT_2、VT_3 电流逐渐增大。当 $t = t_4$ 时，VT_1、VT_4 电流减至零而关断，直流侧电流 I_d 全部从 VT_1、VT_4 转移到 VT_2、VT_3，换流阶段结束。$t_4 - t_2 = t_r$ 称为换流时间。因为负载电流 $i_o = i_{VT1} - i_{VT2}$，所以 i_o 在 t_3 时刻，即 $i_{VT1} = i_{VT2}$ 时刻过零，t_3 时刻大体位于 t_2 和 t_4 的中点。

　　晶闸管在电流减小到零后，还需一段时间才能恢复正向阻断能力。因此，在 t_4 时刻换流结束后，还要使 VT_1、VT_4 承受一段反压时间，i_β 才能保证其可靠关断。$t_\beta = t_5 - t_4$ 应大于晶闸管的关断时间 t_q。如果 VT_1、VT_4 尚未恢复阻断能力就被加上正向电压，将会重新导通，使逆变失败。

　　为了保证可靠换流，应在负载电压 u_o 过零前 $t_\delta = t_5 - t_2$ 时刻去触发 VT_2、VT_3。t_δ 称为触发引前时间，从图 5-10 可得

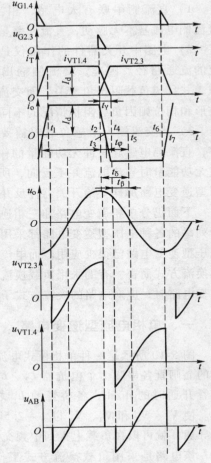

图 5-11　并联谐振式逆变电路工作波形

$$t_\delta = t_\gamma + t_\beta \tag{5-17}$$

　　从图 5-11 还可以看出，负载电流 i_o 超前于负载电压 u_o 的时间 t_φ 为

$$t_\varphi = \frac{t_\gamma}{2} + t_\beta \tag{5-18}$$

　　把 t_φ 表示为电角度 φ（弧度），可得

$$\varphi = \omega\left(\frac{t_\gamma}{2} + t_\beta\right) = \frac{\gamma}{2} + \beta \tag{5-19}$$

式中，ω 为电路工作角频率；γ、β 分别是 t_γ、t_β 对应的电角度；φ 也就是负载的功率因数角。

　　图 5-11 中 $t_4 \sim t_6$ 之间是 VT_2、VT_3 的稳定导通阶段。t_6 以后又进入从 VT_2、VT_3 导通向 VT_1、VT_4 导通的换流阶段，其过程和前面的分析类似。

　　晶闸管的触发脉冲 $u_{G1} \sim u_{G4}$，晶闸管承受的电压 $u_{VT1} \sim u_{VT4}$ 以及 A、B 间的电压 u_{AB} 也都示于图 5-11 中。在换流过程中，上下桥臂的 L_T 上的电压极性相反，如果不考虑晶闸管压

降，则 $u_{AB} = 0$。可以看出，u_{AB} 的脉动频率为交流输出电压频率的两倍。在 u_{AB} 为负的部分，逆变电路从直流电源吸收的能量为负，即补偿电容 C 的能量向直流电源反馈。这实际上反映了负载和直流电源之间无功能量的交换。在直流侧，L_d 起到缓冲这种无功能量的作用。

如果忽略换流过程，i_o 可近似看成矩形波，展开成傅里叶级数可得

$$i_o = \frac{4I_d}{\pi}\left(\sin\omega t + \frac{1}{3}\sin3\omega t + \frac{1}{5}\sin5\omega t + \cdots \right) \tag{5-20}$$

其基波电流有效值 I_{o1} 为

$$I_{o1} = \frac{4I_d}{\sqrt{2}\pi} = 0.9I_d \tag{5-21}$$

对于负载电压有效值 U_o 和直流电压 U_d 的关系，如果忽略电抗器 L_d 的损耗，则 u_{AB} 的平均值应等于 U_d，再忽略晶闸管压降，则从图5-11的 u_{AB} 波形可得

$$U_d = \frac{1}{\pi}\int_{-\beta}^{\pi-(\gamma+\beta)} u_{AB}\mathrm{d}(\omega t) = \frac{1}{\pi}\int_{-\beta}^{\pi-(\gamma+\beta)} \sqrt{2}U_o\sin\omega t\mathrm{d}(\omega t)$$

$$= \frac{\sqrt{2}U_o}{\pi}\left[\cos(\beta+\gamma) + \cos\beta \right] = \frac{2\sqrt{2}U_o}{\pi}\cos\left(\beta + \frac{\gamma}{2}\right)\cos\frac{\gamma}{2}$$

一般情况下 γ 值较小，可近似认为 $\cos(\gamma/2) \approx 1$，再考虑到式（5-20），可得

$$U_d = \frac{2\sqrt{2}}{\pi}U_o\cos\varphi$$

或

$$U_d = \frac{\pi U_d}{2\sqrt{2}\cos\varphi} = 1.11\frac{U_d}{\cos\varphi} \tag{5-22}$$

在上述讨论中，为简化分析，认为负载参数不变，逆变电路的工作频率也是固定的。实际上在中频加热和钢料熔化过程中，感应线圈的参数是随时间而变化的，固定的工作频率无法保证晶闸管的反压时间 t_β 大于关断时间 t_q，可能导致逆变失败。为了保证电路正常工作，必须使工作频率能适应负载的变化而自动调整。这种控制方式称为自励方式，即逆变电路的触发信号取自负载端，其工作频率受负载谐振频率的控制而比后者高一个适当的值。与自励式相对应，固定工作频率的控制方式称为他励方式。自励方式存在着起动的问题，因为在系统未投入运行时，负载端没有输出，无法取出信号。解决这一问题的方法之一是先用他励方式，系统开始工作后再转入自励方式。另一种方法是附加预充电起动电路，即预先给电容器充电，起动时将电容能量释放到负载上，形成衰减振荡，检测出振荡信号实现自励。

二、三相电流型逆变电路

图5-9所示是典型的电流型三相桥式逆变电路，这种电路的基本工作方式是120°导电方式，即每个臂一周期内导电120°，按 VT_1 到 VT_6 的顺序每隔60°依次导通。这样，每个时刻共阳极组的3个臂和共阴极组的3个臂都各有一管导通。换流时，是在共阳极组或共阴极组的组内依次换流，为横向换流。

在分析电流型逆变电路波形时，总是先画电流波形。因为输出交流电流波形和负载性质无关，是正负脉冲宽度各为120°的矩形波。图5-12给出了电流型逆变电路的三相输出交流电流波形及线电压 u_{UV} 的波形。输出电流波形和三相桥式可控整流电路在大电感负载下的交流输入电流波形形状相同。因此，它们的谐波分析表达式也相同。输出线电压波形和负载性

质有关，图 5-12 中给出的波形大体为正弦波，但叠加了一些脉冲，这是由于逆变器中的换流过程而产生的。输出交流电流的基波有效值 I_{U1} 和直流电流 I_d 的关系为

$$I_{U1} = \frac{\sqrt{2}}{\pi} I_d = 0.78 I_d \tag{5-23}$$

和电压型三相桥式逆变电路中求输出线电压有效值的公式（5-13）相比，因两者波形形状相同，所以两个公式的系数相同。

随着全控型器件的不断进步，晶闸管逆变电路的应用已越来越少，但图 5-13 所示的串联二极管式晶闸管逆变电路仍应用较多。这种电路主要用于中大功率交流电动机调速系统。可以看出，这是一个电流型三相逆变电路。因为各桥臂的晶闸管和二极管串联使用而得名。电路仍为前述的 120°导电工作方式，输出波形和图 5-12 所示的波形大体相同。各桥臂之间换流采用强迫换流方式，连接于各臂之间的电容 $C_1 \sim C_6$ 即为换流电容。其换流过程分析如下：

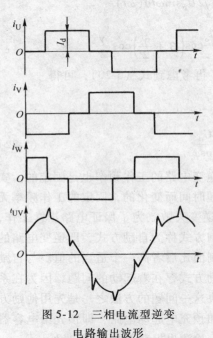

图 5-12　三相电流型逆变
电路输出波形

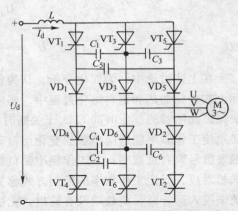

图 5-13　串联二极管式晶闸管逆变电路

设逆变电路已进入稳定工作状态，换流电容器已充上电压。电容器所充电压的规律是：对于共阳极晶闸管来说，电容器与导通晶闸管相连接的一端极性为正，另一端为负，不与导通晶闸管相连接的另一电容器电压为零。共阴极晶闸管与共阳极晶闸管情况类似，只是电容器电压极性相反。在分析换流过程时，常用等效换流电容的概念。例如，在分析从晶闸管 VT_1 向 VT_3 换流时，换流电容 C_{13} 就是 C_3 与 C_5 串联后再与 C_1 并联的等效电容。设 $C_1 \sim C_6$ 的电容量均为 C，则 $C_{13} = 3C/2$。

下面分析从 VT_1 向 VT_3 换流的过程。假设换流前 VT_1 和 VT_2 导通，C_{13} 电压 U_{C0} 左正右负，如图 5-14a 所示。换流过程可分为恒流放电和二极管换流两个阶段。

在 t_1 时刻给 VT_3 触发脉冲，由于 C_{13} 电压的作用，使 VT_3 导通，而 VT_1 被施以反向电压而关断。直流电流 I_d 从 VT_1 换到 VT_3 上，C_{13} 通过 VD_1、U 相负载、W 相负载、VD_2、VT_2、

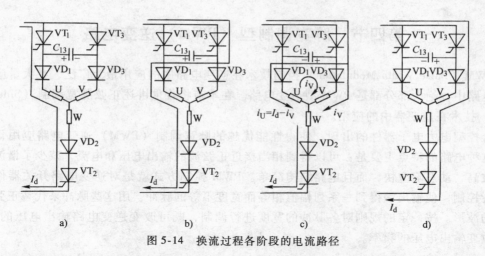

图 5-14 换流过程各阶段的电流路径

直流电源和 VT_3 放电，如图 5-14b 所示。因放电电流恒为 I_d，故称恒流放电阶段。在 C_{13} 电压 u_{C13} 下降到零之前，VT_1 一直承受反压，只要反压时间大于晶闸管关断时间 t_q，就能保证可靠关断。

设 t_2 时刻 u_{C13} 降到零，之后在 U 相负载电感的作用下，开始对 C_{13} 反向充电。如忽略负载中电阻的压降，则在 t_2 时刻 $u_{C13}=0$ 后，二极管 VD_3 受到正向偏置而导通，开始流过电流 i_V，而 VD_1 流过的充电电流为 $i_U = I_d - i_V$，两个二极管同时导通，进入二极管换流阶段，如图 5-14c 所示。随着 C_{13} 充电电压不断增高，充电电流逐渐减小，i_V 逐渐增大，到 t_3 时刻充电电流 i_U 减到零，$i_V = I_d$，VD_1 承受反压而关断，二极管换流阶段结束。t_3 以后，进入 VT_2、VT_3 稳定导通阶段，电流路径如图 5-14d 所示。

如果负载为交流电动机，则在 t_2 时刻 u_{C13} 降至零时，如电动机反电动势 $e_{VU} > 0$，则 VD_3 仍承受反向电压而不能导通。直到 u_{C13} 升高到与 e_{VU} 相等后，VD_3 才承受正向电压而导通，进入 VD_3 和 VD_1 同时导通的二极管换流阶段。此后的过程与前面分析的完全相同。

图 5-15 所示给出了感性负载时 u_{C13}、i_U 和 i_V 的波形图。图中还给出了各换流电容电压 u_{C1}、u_{C3} 和 u_{C5} 的波形。u_{C1} 的波形与 u_{C13} 是完全相同的，在换流过程，u_{C1} 从 $+U_{C0}$ 降为 $-U_{C0}$。C_3 和 C_5 是串联后再和 C_1 并联的，因它们的充放电电流均为 C_1 的一半，故换相过程电压变化的幅度也是 C_1 的一半。换流过程中，u_{C3} 从零变到 $-U_{C0}$。u_{C5} 从 $+U_{C0}$ 变到零。这些电压恰好符合相隔 $120°$ 后从 VT_3 到 VT_5 换流时的要求，为下次换流准备好了条件。

用电流型三相桥式逆变器还可以驱动同步电动机，利用滞后于电流相位的反电动势可以实现换流。因为同步电动机是逆变器的负载，因此这种换流方式也属于负载换流。用逆变器驱动同步电动机时，其工作特

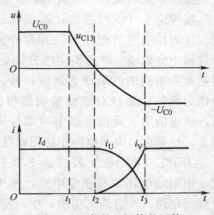

图 5-15 串联二极管晶闸管
逆变电路换流过程波形

性和调速方式都和直流电动机相似，但没有换向器，因此被称为无换向器电动机。有关电流型三相桥式逆变器在无换向器电动机中的应用将在本章第五节中分析。

第四节　脉宽调制型（PWM）逆变电路

PWM（Pulse Width Modulation）控制技术在逆变电路中的应用最为广泛，在大量应用的逆变电路中，绝大部分都是 PWM 型逆变电路。在本节将着重讲述正弦脉宽调制（Sinusoidal PWM）技术在逆变器中的应用。

全控型电力电子器件的出现，使得性能优越的脉宽调制（PWM）逆变电路应用日益广泛。这种电路的特点主要是：可以得到相当接近正弦波的输出电压和电流，减少了谐波，功率因数高，动态响应快，而且电路结构简单。PWM 控制方式就是对逆变电路开关器件的通断进行控制，使输出端得到一系列幅值相等而宽度不等的脉冲，用这些脉冲来代替正弦波所需要的波形。按一定的规则对各脉冲的宽度进行调制，既可改变逆变电路输出电压的大小，也可改变输出电压的频率。

一、PWM 控制的基本原理

正弦波脉宽调制的控制思想，是利用逆变器的开关元件，由控制线路按一定的规律控制开关元件的通断，从而在逆变器的输出端获得一组等幅、等距而不等宽的脉冲序列。其脉宽基本上按正弦分布，以此脉冲列来等效正弦电压波型。图 5-16a 所示为正弦波的正半周波形，将其划分为 N 等份，这样就可把正弦半波看成由 N 个彼此相连的脉冲所组成的波形。这些脉冲的宽度相等，都等于 π/N，但幅值不等，且脉冲顶部是曲线，各脉冲的幅值按正弦规律变化。如果将每一等份的正弦曲线与横轴所包围的面积用一个与此面积相等的等高矩形脉冲代替，就得到图 5-16b 所示的脉冲序列。这样，由 N 个等幅而不等宽的矩形脉冲所组成的波形与正弦波的正半周等效，正弦波的负半周也可用相同的方法来等效。完整的正弦波形用等效的 PWM 波形表示，称为正弦波脉宽调制 SPWM 波形。

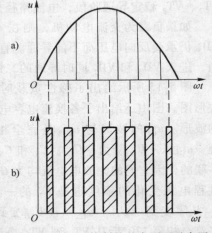

图 5-16　PWM 控制的基本原理示意图

在理论上可以严格地计算出各分段矩形脉冲的宽度，作为控制逆变电路开关元器件通断的依据，但计算过程十分繁琐。较为实用的方法是采用调制的方法，即把希望得到的波形作为调制信号，把接受调制的信号作为载波，通过对载波的调制得到期望的 PWM 波形。这里借用了通信电路中对信号进行调制－解调的概念，也是电力电子电路中应用弱电技术的一个例证。

实用的 PWM 逆变装置由 3 部分组成，即直流电流、中间滤波环节和逆变电路。其中直流电源是不可控整流电路，没有调压功能；中间滤波环节通常都是采用电容（或电感）滤波；而逆变电路采用脉宽调制的方法就可以在把直流变成交流的同时，既能调压又能调频。PWM 逆变电路的实质是依靠调节脉冲宽度改变输出电压，通过改变调制周期达到改变输出频率的目的。

脉宽调制的方法很多，分类方法也没有统一，较常见的分类法有：

1）根据调制脉冲的极性可分为单极性和双极性调制两种。

2）根据载频信号和基准信号的频率之间的关系，可分为同步式和异步式两种。

3）根据基准信号的不同可分为矩形波脉宽调制和正弦波脉宽调制等。矩形波脉宽调制法的特点是输出脉冲列是等宽的，只能控制一定次数的谐波；正弦波脉宽调制法的特点是输出脉冲列是不等宽的，宽度按正弦规律变化，故输出电压的波形接近正弦波。

正弦波脉宽调制 SPWM 控制是采用一个正弦波与三角波相交的方案确定各分段矩形脉冲的宽度。通常采用等腰三角波作为载波，因为等腰三角波上下宽度与高度成线性关系，且左右对称，当它与任何一个平缓变化的调制信号波相交时，如在交点时刻控制电路中开关器件的通断，就可以得到宽度正比于信号波幅值的脉冲，这正好符合 PWM 控制的要求。当调制信号波为正弦波时，所得到的就是 SPWM 波形。SPWM 波形在实际应用较多。

1. 单相桥式 PWM 逆变电路

图 5-17 为单相桥式 PWM 逆变电路，负载为感性，IGBT 管作为开关器件。对 IGBT 管的控制方法为：在输出电压 u_o 正半周期，让 V_2、V_3 一直处于截止状态，而让 V_1 一直保持导通，晶体管 V_4 交替通断。当 V_1 和 V_4 都导通时，负载上所加的电压为直流电源电压 U_d。当 V_1 导通而使 V_4 关断时，由于感性负载中的电流不能突变，负载电流将通过二极管 VD_3 续流，忽略晶体管和二极管的导通压降，负载上所加电压为零。如负载电流较大，那么直到使 V_4 再一次导通之前，VD_3 一直持续导通；如负载电流较快地衰减到零，在 V_4 再次导通之前，负载电压也一直为零。这样输出到负载上电压 u_o 就有零和 U_d 两种电平。同样在负半周期，让晶体管 V_1、V_4 一直处于截止，而让 V_2 保持导通，V_3 交替通断。当 V_2、V_3 都导通时，负载上加有 $-U_d$，当 V_3 关断时，VD_4 续流，负载电压为零。因此，在负载上可得到 $\pm U_d$ 和零 3 种电平。

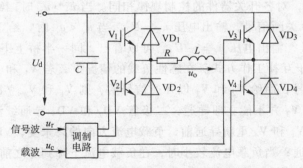

图 5-17 单相桥式 PWM 逆变电路图

控制 V_4 或 V_3 通断的方法如图 5-18 所示。调制信号波 u_r 为正弦波，载波信号 u_c 为三角波。u_c 在 u_r 的正半周为正极性的三角波，在 u_r 负半周为负极性的三角波。在 u_r 和 u_c 的交点时刻控制 IGBT 管 V_4 或 V_3 的通断。在 u_r 的正半周，V_1 保持导通，V_2 保持关断，当 $u_r > u_c$ 时，使 V_4 导通，V_3 关断，负载电压 $u_o = U_d$；当 $u_r < u_c$ 时，使 V_4 关断，V_3 导通，$u_o = 0$。在 u_r 的负半周，V_1 关断，V_2 保持导通，当 $u_r < u_c$ 时，使 V_3 导通，V_4 关断，$u_o = -U_d$；当 $u_r > u_c$ 时，使 V_3 关断，V_4 导通，$u_o = 0$。这样，就得到了 SPWM 波形 u_o。图 5-18 中的虚线 u_{of} 表示 u_o 中的基波分量。像这种在 u_r 的半个周期内三角波载波只在一个方向变化，所得到的输出电压的 PWM 波形也只在一个方向变化的控制方式，称为单极性 SPWM 控制方式。

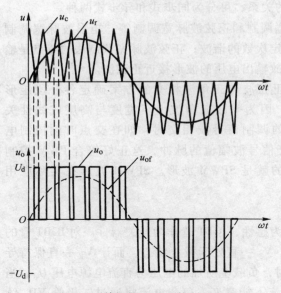

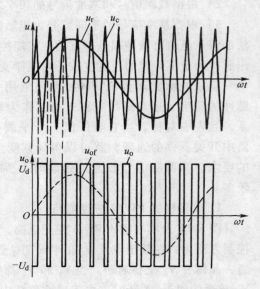

图 5-18　单极性 SPWM 控制原理　　　　　　图 5-19　双极性 SPWM 控制方式波形

　　和单极性 SPWM 控制方式不同的是双极性 SPWM 控制方式。图 5-17 所示的单相桥式 PWM 逆变电路在采用双极性控制方式时的波形如图 5-19 所示。在双极性方式中 u_r 的半个周期内，三角波载波是在正、负两个方向变化的，所得到的 PWM 波形也是在两个方向变化的。在 u_c 的一周期内，输出的 PWM 波形只有 $\pm U_d$ 两种电平，仍然在调制信号 u_r 和载波信号 u_c 的交点时刻控制各开关器件的通断。

　　在 u_r 的正负半周，对各开关器件的控制规律相同。当 $u_r > u_c$ 时，给 V_1 和 V_4 以导通驱动信号，给 V_2、V_3 以关断信号，输出电压 $u_o = U_d$。当 $u_r < u_c$ 时，给 V_2、V_3 以导通信号，给 V_1、V_4 以关断信号，输出电压 $u_o = -U_d$。可以看出，同一半桥上下两个桥臂 IGBT 的驱动信号极性相反，处于互补工作方式。在感性负载的情况下，若 V_1 和 V_4 处于导通状态时，给 V_1 或 V_4 以关断信号，而给 V_2 和 V_3 以开通信号后，则 V_1 和 V_4 立即关断。因感性负载电流不能突变，V_2 和 V_3 并不能立即导通，二极管 VD_2 和 VD_3 导通续流。当感性负载电流较大时，直到下一次 V_1 和 V_4 重新导通前，负载电流方向始终未变，VD_2 和 VD_3 持续导通，而 V_2 和 V_3 始终未开通；当负载电流较小时，在负载电流下降到零之前，VD_2 和 VD_3 续流，之后 V_2 和 V_3 开通，负载电流反向。不论 VD_2 和 VD_3 导通，还是 V_2 和 V_3 开通，负载电压都是 $-U_d$。从 V_2 和 V_3 开通向 V_1 和 V_4 开通切换时，VD_1 和 VD_4 的续流情况和上述情况类似。

2. 三相桥式 PWM 逆变电路

　　图 5-20 所示为三相桥式 PWM 逆变电路及其波形，其控制方式采用双极性方式。U、V和 W 三相的 PWM 控制公用一个三角波载波 u_c，三相调制信号 u_{rU}、u_{rV}、u_{rW} 的相位依次相差 120°，U、V 和 W 各相功率开关器件的控制规律相同。现以 U 相为例说明如下：当 $u_{rU} > u_c$ 时，给 V_1 导通信号，给 V_4 关断信号，则 U 相相对于直流电源假想中点 N' 的输出电压 $u_{UN'} = U_d/2$。当 $u_{rU} < u_c$ 时，给 V_4 导通信号，给 V_1 关断信号，则 $u_{UN'} = -U_d/2$。V_1 和 V_4 的驱动信号始终是互补的。由于感性负载电流的方向和大小的影响，控制过程中，当给 V_1 加导

通信号时，可能是 V_1 导通，也可能是二极管 VD_1 续流导通。其他电力晶体管与续流二极管的导通情况与 V_1、VD_1 相同，V 相和 W 相的控制方式和 U 相相同，这里不再赘述。$u_{UN'}$、$u_{VN'}$ 和 $u_{WN'}$ 的波形如图 5-20b 所示。线电压 u_{UV} 的波形可由 $u_{UN'} - u_{VN'}$ 得到。可以看出，这些波形都只有 $\pm U_d$ 两种电平。由于调制信号 u_{rU}、u_{rV}、u_{rW} 为三相对称电压，每一瞬时有的相为正，有的相为负，在公用一个载波信号的情况下，这个载波只能是双极性的，不能用单极性控制。

在双极性 PWM 控制方式中，同一相上下两个臂的驱动信号都是互补的。但实际上，为了防止上下两个臂直通而造成短路，在给一个臂施加关断信号后，再延迟 Δt 时间，才给另一个臂施加导通信号。延迟时间的长短取决于开关器件的关断时间。但这个延迟时间对输出的 PWM 波形将带来不良影响，使其与正弦波产生偏离。

二、SPWM 逆变电路的控制方式

在 PWM 逆变电路中，载波频率 f_c 与调制信号频率 f_r 之比 $m = f_c/f_r$ 称为载波比。根据载波和信号波是否同步及载波比的变化情况，PWM 逆变电路可以有异步调制和同步调制两种控制方式。

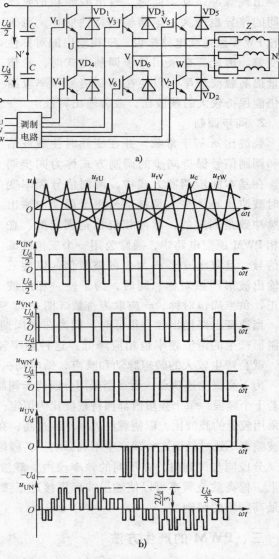

图 5-20　三相桥式 PWM 逆变电路及波形
a）逆变电路　b）波形

1. 异步调制

载波信号和调制信号不保持同步关系的调制方式称为异步调制。图 5-20b 的波形就是异步调制时的三相 SPWM 波形。在异步调制方式中，调制信号频率 f_r 变化时，通常保持载波频率 f_c 固定不变，因而载波比 m 是变化的。这样，在调制信号的半个周期内，输出脉冲的个数不固定，脉冲相位也不固定，正负半周期的脉冲不对称，同时，半周期内前后 1/4 周期的脉冲也不对称。

当调制信号频率较低时，载波比 m 较大，半周期内的脉冲数较多，正负半周期脉冲不对称和半周期内前后 1/4 周期脉冲不对称的影响都较小，输出波形接近正弦波。当调制信号频率增高时，载波比 m 就减小，半周期内的脉冲数减少。输出脉冲的不对称性影响就变大，还会出现脉冲跳动。同时，输出波形和正弦波之间的差异也变大，电路输出特性变坏。对于三相 PWM 型逆变电路来说，三相输出的对称性也变差。因此，在采用异步调制方式时，希望尽量提高载波频率，以使在调制信号频率较高时仍能保持较大的载波比，改善输出特性。

2. 同步调制

载波比 m 等于常数，并在变频时使载波信号和调制信号保持同步的调制方式称为同步调制。在基本同步调制方式中，调制信号频率变化时载波比 m 不变。调制信号半个周期内输出的脉冲数是固定的，脉冲相位也是固定的。在三相 PWM 逆变电路中，通常公用一个三角波载波信号，且取载波比 m 为 3 的整数倍，以使三相输出波形严格对称。同时，为了使一相的波

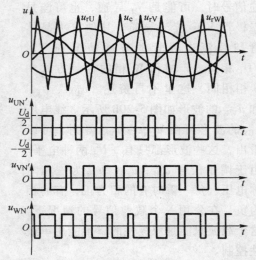

图 5-21　三相同步调制 SPWM 逆变电压波形

形正、负半周镜对称，m 应取为奇数。图 5-21 所示是 $m = 9$ 时的同步调制三相 SPWM 波形。

当逆变电路输出频率很低时，因为在半周期内输出脉冲的数目是固定的，所以由 PWM 调制而产生的谐波频率也相应降低。这种频率较低的谐波通常不易滤除，如果负载为电动机，就会产生较大的转矩脉动和噪声，给电动机的正常工作带来不利影响。

为了克服上述缺点，通常都采用分段同步调制的方法，即把逆变电路的输出频率范围划分成若干个频段。每个频段内都保持载波比为恒定，不同频段的载波比不同。在输出频率的高频段采用较低的载波比，以使载波频率不致过高；在输出频率的低频段采用较高的载波比，以使载波频率不致过低而对负载产生不利影响。各频段的载波比应该都取 3 的整数倍且为奇数。

分段同步调制时，在不同的频率段内，载波频率的变化范围应该保持一致，f_c 在 2kHz 以上。提高载波频率可以使输出波形更接近正弦波，但载波频率的提高受到功率开关器件允许最高频率的限制。

三、PWM 的产生方法

采用微机可方便地计算出 PWM 波形的各个脉冲宽度，从而由微机输出 PWM 波形（微机也可用查表法直接生成 PWM 或 SPWM 信号）。但是应用微机产生 PWM 或 SPWM 波形，其效果受到指令功能、运算速度、存储容量和兼顾系统控制算法的限制，难以很好地实现实时控制。随着微电子技术的发展，已开发出专门用于产生 PWM 或 SPWM 控制信号的高级专用集成芯片，如 Mullard 公司生产的 HEF4752 芯片、Philips 公司生产的 MK-Ⅱ、Siemens 公司生产的 SLE4520、Sanken 公司生产的 MB63H110 及我国生产的 ZPS-101、THP-4752 等型号的芯片。利用这些芯片可以很方便地控制如图 5-20a 所示的 SPWM 主电路，从而达到产生 SPWM 变压变频波形的目的。再利用微机进行系统控制，可以在中、小功率异步电动机的变频调速中得到满意的效果。另外，有些单片机本身就带有直接输出 SPWM 信号的端口，如 Intel8098、Intel SXC196MC 等。

图 5-22 给出了 HEF4752V（适用于开关频率 1kHz 以下）的引脚图，表 5-1 给出了

HEF4752V 的基本功能。

表 5-1　HEF4752V 的基本功能

	引　脚	功　能	说　明
逆变器驱动信号输出端	UM_1、UM_2、VM_1、VM_2、WM_1、WM_2	逆变器主驱动信号输出端，1、2 表示同一桥臂上的上、下两个开关元件的驱动信号	驱动信号经放大后才能驱动逆变器的开关元器件
	UC_1、UC_2、VC_1、VC_2、WC_1、WC_2	逆变器辅助信号输出端，用于控制逆变器辅助关断晶闸管，其余含义同上	逆变器若采用全控型开关元器件，这 6 个开关信号不用
时钟输入	FCT	频率控制时钟，控制逆变器输出频率：$f_{FCT}=3\,360f_1$	f_1 为逆变器输出电压的频率
	VCT	电压控制时钟，控制逆变器的输出电压 $f_{VCT(nom)}=6\,720f_{1\,(nom)}$	$f_{1(nom)}$ 为当载波为 100% 调制时逆变器输出频率；$f_{VCT(nom)}$ 为 f_{VCT} 的标称值
	RCT	频率参考时钟，控制逆变器最高载波频率：$f_{RCT}=280f_{c(max)}$、$f_{c(min)}=0.6f_{c(max)}$	$f_{c(max)}/f_{c(min)}$ 为逆变器最高/最低载波频率，$f_{c(min)}$ 由电路内部自动设定
	OCT	输出延时时钟，$t_d=8/f_{OCT}$（K = 0）；$t_d=16/f_{OCT}$（K = 1）	与 K 端配合使用，控制每一相互补输出之间延时时间及最小脉冲宽度
控制输入端	I	逆变器输出模式控制端	I = 0，晶体管模式；I = 1 晶闸管模式
	CW	输出相序控制端	CW = 0，UWV 相序；CW = 1，UVW 相序
	L	逆变器驱动信号封锁端	L = 0，封锁 SPWM 控制信号；L = 1，输出 SPWM 控制信号
	K	与 OCT 配合使用	
	A、B、C	厂家测试端	正常使用时接地
控制信号输出端	VAV	逆变器输出线电压平均值模拟输出端	
	RSYN	U 相同步信号	供示波器外同步用
	CSP	逆变器开关频率输出信号	用以指示理论的开关频率

实际使用中应注意以下几点：

1）RCT、OCT 一般应接固定频率的时钟源，f_{RCT} 的适用条件是保持 f_{FCT} 在（0.043 ~ 0.8）f_{RCT} 范围内，并满足 $f_{FCT}/f_{RCT}<0.5$。

2）为保证每相互补输出之间有较大的延时时间，提高系统的可靠性，K 端一般接 +5V。

3）I 端根据逆变器功率开关元器件确定。

4）CW、L 根据控制系统的要求确定。通过控制 CW 端电平，可改变异步电动机的运行方向。

5）一般用压频转换器（或定时器）将频率指令信号和电压指令信号转换成与频率成正比的方波信号分别作为频率时钟信号 u_{FCT} 和电压时钟信号 u_{VCT}，并分别加在 FCT 和 VCT 端。

当 $f_{FCT}/f_{VCT}\leqslant0.5$ 时

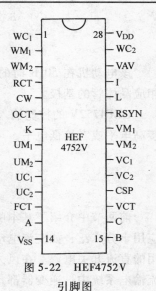

图 5-22　HEF4752V
引脚图

$$U_1 = K \frac{f_{\text{FCT}}}{f_{\text{VCT}}} = \frac{3\ 360 f_1 K}{f_{\text{VCT}}} = K f_1$$

因此，若在整个调频范围内维持 f_{VCT} 恒定，且 $f_{\text{FCT}}/f_{\text{VCT}} \leqslant 0.5$ 满足，则可自动保持 U_1/f_1 为恒值，实现恒压频比例控制。

四、SPWM 控制的交-直-交变频器

图 5-23 所示为异步电动机交-直-交变频调速系统框图，其中使用了 HEF4752V 产生三相 SPWM 驱动信号。三相 380V 交流电经二极管桥式整流和电容器滤波后（电压型）得到的直流电压 U_d 约为 530V，经霍尔电流传感器送到晶体管逆变器，逆变器输出接三相异步电动机。

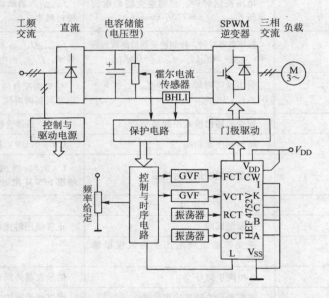

图 5-23 SPWM 控制的交-直-交变频调速系统框图
GVF—压控振荡器   FCT—频率控制时钟输入   VCT—电压控制时钟输入
RCT—参考时钟输入   OCT—互锁延迟时间设置时钟

该电动机在 50Hz 时的线电压为 380V。HEF4752V 的驱动输出信号经隔离、放大后送至相应晶体管的基极。

HEF4752V 的控制输入 A、B、C、K 和 I 接（低电平）V_{SS}，因此 CW 根据相序的要求，接高电平或者接低电平，可以转换，L 通过控制和时序电路完成初始化和故障封锁功能。

第五节 逆变电路的应用技术

前两节中介绍了基本的无源逆变电路。在采用电力电子变流和控制的系统中，逆变器的应用十分广泛，如交流电动机变频调压调速，交流负载的恒频恒压供电，通信系统中广泛应用的直流开关电源。在风力发电、太阳电池、燃料电池、超导磁体储能等新能源系统以及直流输电系统中，逆变器都是其中的重要环节。

逆变器类型很多，最常用的是单相和三相桥式逆变器。除负载谐振换流（关断）的逆变器以外，逆变器中的开关器件大都采用全控型开关器件。功率最大的逆变器采用 GTO，其次是 IGBT、MCT、SIT、BJT，小功率则用电力 MOSFET。要求开关频率高则采用电力 MOSFET、SIT，其次是 IGBT、MCT，最低者是 GTO。

逆变器最重要的特性之一是输出电压大小可控和输出电压波形质量好。对于中小功率的逆变器，采用 PWM 控制，既能调节输出电压的大小，又能消除一些低阶次谐波。PWM 控制技术在逆变器电路中的应用最具代表性，由于 PWM 控制技术在逆变电路中广泛而成功的应用，使 PWM 控制技术在电力电子技术中奠定了突出的地位。各国厂商已能提供单相和三相逆变器控制系统所需的各种专用和通用集成电路控制芯片，供设计者选用。

采用电压空间矢量控制策略，以微处理器和数字信号处理器 DSP 为基础，可以构成特性优良的逆变器控制系统，改进逆变器的静态和动态特性。以下介绍几种逆变器应用电路。

一、PWM 控制弧焊逆变器

随着电力电子技术的发展，逆变技术已逐步应用于焊接领域。最早出现的是晶闸管弧焊逆变器，它具有体积小、重量轻、效率和功率因数高以及工艺性能好等优点，但其工作频率难以得到进一步提高。大功率场效应晶体管的出现，使得逆变的频率可达到 100MHz，逆变电源的体积和重量可进一步减小。大功率场效应晶体管是电压控制单极性器件，栅极阻抗非常高，适用于多管并联运行，控制功率极小，驱动电路简单，因而在弧焊电源中得到了广泛应用。逆变器弧焊电压、电流调节一般通过调节脉宽来实现，断弧和短路时，都能使输出电压、电流值自动下降。PWM 技术的快速发展，各种类型的 PWM 控制器应运而生，使得弧焊逆变器的规范调节更加灵活、方便。

图 5-24 所示为弧焊逆变器电路原理图，以下主要介绍各个环节基本组成及工作原理。

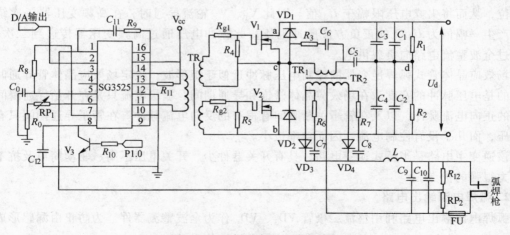

图 5-24　弧焊逆变器电路原理图

1. 高频逆变主电路

逆变主电路由两只型号一致的 MOSFET 场效应晶体管 V_1 和 V_2、续流二极管 VD_1 和 VD_2、电容 C_1 和 C_2 等器件共同组成。V_1、V_2、C_1、C_2 组成电桥，其电路的输入是经整流

滤波后的直流电压 U_1，由于弧焊逆变器的输出电流一般要求较大，当场效应晶体管的容量不够时，可以采用多管并联来实现。输入电源电压 U_1 加于电桥一对角线的两端点 a、b 上，而高频变压器 TR_1 的一次绕组则接在电桥另一对角线的两端点 c、d 上，二次绕组是一个带中心抽头的全波整流电路。

主电路工作时，场效应晶体管的电压、电流波形如图 5-25 所示。当 V_1 和 V_2 都截止时，两管的漏源间电压为输入电压的一半，即 $U_d/2$，见图 5-25 中 1~2 时间段；当 V_1 被驱动时，电容 C_1 的电压便通过 V_1 加到 TR_1 一次绕组的两端，此时变压器一次绕组两端的电压为 $U_d/2$，极性为左正右负，V_1 上的电压近似为零，V_2 上的电压近似为输入电压 U_d，见图 5-25 中 2~3 时间段。当两管都截止时，两管上的电压均为输入电压的一半，即 $U_d/2$，见图 5-25 中 3~4 时间段。当 V_1 截止而 V_2 被驱动时，电容 C_2 的电压通过 V_2 加到一次绕组的两端，绕组两端电压极性左负右正，其值亦为 $U_d/2$，此时 V_1 上施加的电压近似为输入电压 U_d。当 V_1 导通时，电容 C_1 立即经过 V_1、

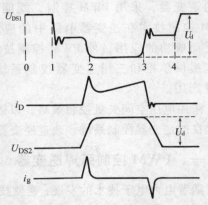

图 5-25　场效应晶体管的电压、电流波形

TR_1 放电，漏极电流出现瞬时尖峰。在这期间 V_1 的漏极电流除包含负载电流之外，还有高频变压器的励磁电流等。由于变压器铁心饱和程度不断增加，漏极电流随着脉冲宽度的增加而线性上升。当 V_1 关断时，漏极电流迅速下跌，甚至会出现瞬时的负值。在 V_1 由导通转为截止的关断过程中，存储在高频变压器漏感中的能量将释放，经 R_3、C_6 形成阻尼振荡，且该电压叠加在关断电压上形成漏极关断尖峰电压。为防止 V_1 受过电压而被击穿，在其漏源间反向并联快速恢复二极管 VD_1。当产生过压而达到 VD_1 的反向耐压值时，它即反向导通钳位，从而将尖峰电压限幅于 U_d 值。因此 V_1、V_2 轮流导通时，在高频变压器一次绕组两端产生一幅值为 $U_d/2$ 的正负方波脉冲电压，此脉冲电压通过高频变压器传递到二次侧，并经过全波整流电路向负载供电。

场效应晶体管式弧焊逆变器的控制电压脉冲近似于矩形波，决定场效应晶体管导通时间长短的是电压脉冲的宽度。在场效应晶体管饱和导通期间，栅极电流只是在开始导通瞬间有很窄的正向电流脉冲，以及在管子关断瞬间有很窄的反向电流脉冲。在管子导通期间只有控制电压，而几乎没有控制电流，因而功率极小。

该逆变主电路是半桥式逆变电路，具有开关器件少、开关电压不高、驱动简单及抗不平衡能力很强的优点。

2. 弧焊电源输出电路

弧焊电源输出电路利用整流二极管 VD_3、VD_4 作为全波整流器件。为防止由漏感形成的谐振电路而引起瞬时过压振荡而使管子损坏。在整流管旁边可并联 RC 过电压吸收回路进行抑制，如图 5-24 中的 R_6、R_7、C_7、C_8 所示，R_{12} 及 RP_2 组成分压电路，调节满足 SG3525 反馈输入的要求。

3. 控制电路

电源控制电路的组成主要由 PWM 集成控制芯片 SG3525、驱动变压器 TR2、DAC0832

及相关元件所组成。SG2535 的主要功能包括基准电压产生电路、振荡器、误差放大器、PWM 比较器、欠电压锁定电路、软起动控制电路、推拉输出形式。2 脚是误差放大器的同相输入端，一般接参考电压。系统参考电压由 89C52 提供，经 DAC0832 转换为模拟量送至 SG3525 第 2 脚，该参考电压与所焊接的钢筋型号有关，第 1 脚为反相输入端，接电压反馈信号，经 SG3525 处理，产生与输出电压相关的脉冲宽度可变的脉冲信号，并经输出电路及驱动变压器产生双脉冲，分别送至两个场效应晶体管的栅极，控制两个场效应晶体管的通与断。场效应晶体管导通时间的长短由脉冲宽度来决定。

控制电路还设有过电流及过电压保护电路，场效应晶体管的电压、电流波形由 89C52 控制，保证弧焊电源的输出电压、电流在任何情况下都不能超过某一限定值。当电压、电流达到某一值时，89C52 的 P1.0 脚输出高电平，控制晶体管 V₃ 导通，使 SG3525 脚 8 的电容放电，限制了脉宽，降低功率输出。

微机电路如图 5-26 所示。该电路对弧焊逆变器的输出电压、输出电流进行测量。测得的电压、电流值作为自动控制系统的控制信号，也可为弧焊逆变器提供对不同焊接对象时的参考电压，由 SG3525 的第 2 脚输入。

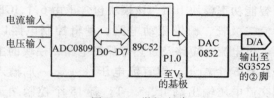

图 5-26　微机电路

二、无换向器电动机的驱动

图 5-27 所示是无换向器电动机的基本电路，由三相可控整流电路为逆变电路提供直流电源。逆变电路采用 120°导电方式，利用电动机反电动势实现换流。例如，从 VT₁ 向 VT₃ 换流时，因 V 相电压高于 U 相，VT₃ 导通时 VT₁ 就被关断，这和有源逆变电路的工作情况十分相似。图 5-28 给出了在电动状态下电动机的工作波形。

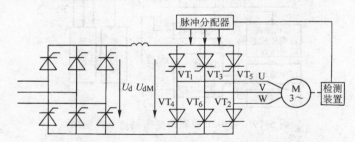

图 5-27　无换向器电动机的基本电路

图 5-27 中的检测装置是与电动机同轴连接位置检测器，用来检测磁极位置以决定什么时候给哪个晶闸管发出触发脉冲。

由位置检测器检出的信号经逻辑电路处理后给逆变器的 6 个晶闸管顺次送出一个周期的 6 个触发脉冲。对于两极电动机而言。转子旋转一周，逆变器正好工作一周期，定子磁场也正好旋转一周。定子旋转磁场的转速或逆变器的触发周期不是独立的，而是直接由转子的转速来控制的。电动机转速降低了，检测器输出的信号频率随之降低。逆变器输出频率也降低，定子旋转磁场转速也相应降低，所以不存在失步的问题。因此，无换向电动机调速实质上是自控式同步机变频调速。

逆变器 $V_1 \sim V_6$ 各管的触发时刻由位置检测装置的初始位置来决定，改变位置检测器的初始位置可以改变相电流或相电压（或反电动势）的相位关系。因此，适当调节位置检测器的初始位置就可以获得超前电流（图 5-28 中的 φ 为换流超前角），使同步电动机成为容性负载。对于容性负载，逆变器可实现"自然换流"。

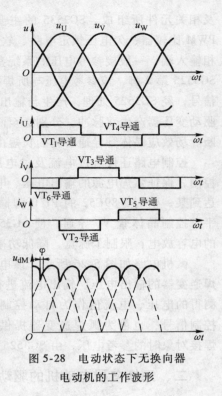

图 5-28　电动状态下无换向器
电动机的工作波形

三、基于 DSP 控制的变频调速系统

带 DSP 控制的变频调速系统框图如图 5-29 所示。系统主电路采用交-直-交电压源型变频器。功率器件采用智能功率模块 IPM，该模块包含了由 6 个 IGBT、6 个续流二极管、栅极驱动电路、逻辑控制电路以及欠电压、过电流、短路及过热等保护电路，模块的主电路部分共有 5 个端子，即直流电压（+、-）输入端，三相交流电压输出端 R、S、T。有 15 个控制端子，用于 IPM 信号输入、故障信号输出及驱动电源等，驱动电源为 4 组 +15V 电源，DSP 生成的 PWM 信号通过光耦合器隔离后输入。智能功率模块的应用，减小了装置的体积，提高了变频系统的性能与可靠性。

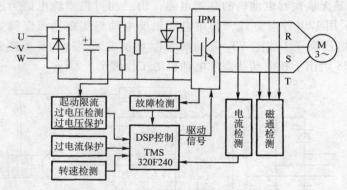

图 5-29　带 DSP 控制的变频调速系统框图

控制系统由 DSP、信号检测电路、驱动与保护电路等组成，图中的 DSP 采用美国 TI（Texas Instruments）公司的 16 位数字信号处理器（Digital Signal Processor，简称 DSP）TMS320X24x 系列芯片，该芯片是专门为电动机的数字化控制而设计的，它集 DSP 的信号高速处理能力及适用于电动机控制的优化外围电路于一体，为电动机数字控制系统应用提供了一个理想的解决方案，从而成为传统的多微处理器单元和昂贵的多片设计的理想替代。它有每秒执行 20M 条指令的运算能力，使该系列芯片能提供比传统 16 位微处理器强大得多的性能，其内部还包含了 16KB 的 EPROM。

该系列芯片的 16 位定点 DSP 内核为模拟设计者提供了一个数字解决方案，并且不会牺牲原有系统的精度和性能，事实上，由于可以采用诸如自适应控制、卡尔曼滤波和状态控制等先进的控制算法，因而增强了系统性能。

高速 CPU 允许数字控制设计者能够实时处理算法而不需通过查表，几乎所有的指令都可在 55ns 的单周期内完成，如此高的性能可以对非常复杂的算法进行实时运算，此外，还持非常高的采样率，以减小循环延时。

作为系统管理器，DSP 具备强大的片内 I/O 和其他外设功能，该系列芯片内的事件管理器可以为所有电动机类型用户提供高速、高效和全变速的先进控制技术。在该事件管理器中内嵌 PWM 电路（有 PWM 产生功能）、特殊的附加功能包括可编程的死区功能和空间矢量 PWM，后者可为三相电动机在功率管逆变器控制中提供最高的功效，3 个独立的向上/下计数器，每一个都有属于它自己的比较寄存器，可以支持产生非对称的和对称的 PWM 波形，四路捕获输入中的两路可以直接连至光电编码器的正交编码脉冲信号。

该系列芯片的应用，大大简化了高性能变频调速系统的硬件设计，使系统具有高的性能价格比，可以很容易实现交流异步电动机的全数字化控制系统。

目前也有单相的专用 SPWM 正弦波输出逆变控制芯片，如 TDS2285、EG8010 等。在研究或制作车载逆变器、单相 UPS 电源或其他类单相正弦波输出的逆变电源时，采用这类专用芯片可以简化电路，实现完整电路十分方便。

小　　结

本章讲述了基本的逆变电路的结构及其工作原理。在电力电子变换和控制领域中，逆变器的应用非常广泛，不仅变频变压、变速传动的交流电动机，恒频恒压交流负载等需要逆变器供电，直流输电系统及很多直流电源变换系统中，逆变器都是其中的重要环节。例如，通信系统中广泛应用的直流开关电源（先将 50Hz 交流电压整流为不可控直流电压，再经高频逆变、高频变压器隔离变压，整流成直流），其中间变换环节通常也都有一个高频逆变器。

逆变电路的分类有不同方法。可以用换流方式来分类，如负载换流、强迫换流和器件换流。当采用全控型器件时，换流概念并不十分突出，但它仍是电力电子电路的一个重要而基本的概念。用输出相数来分类，有单相和三相逆变器。按直流侧电源性质分类，把逆变电路分为电压型和电流型两类，使逆变电路基本理论的框架更为清晰。

脉冲宽度调制（PWM）控制技术是一项非常重要的技术，它广泛用于各种变流电路，特别是在逆变电路中应用最多。把 PWM 技术用于逆变电路，就构成 PWM 逆变电路。在当今应用的逆变电路中，可以说绝大部分都是 PWM 逆变电路。因此，本章所介绍的脉冲宽度调制控制技术仅是最基础的内容，但也是重点内容之一。

采用全控型开关器件的逆变器已广泛应用各种正弦脉冲宽度调制（SPWM）技术控制输出电压基波和谐波。在市场上和生产实际应用中，已有各种单相、三相 PWM 和 SPWM 集成电路芯片可供选用。

本章对逆变电路的讲述是很基本的。在实际装置中，大多使用的都是各种电力电子电路的组合。对于逆变电路来说，其直流电源往往由整流电路而来，二者结合就构成 AC-DC-AC 电路，即间接交-直-交变流电路。如果其中的逆变电路输出频率可调，这种电路就构成变频器，变频器被广泛用于交流电动机的调速传动中。

在应用中引出了微处理器和数字信号处理器（DSP）为基础的电力电子器件驱动装置，

可以构成性能优良的逆变器控制系统，改进逆变器的静态和动态特性。

习题与思考题

5-1　请说明无源逆变电路和有源逆变电路有何不同。

5-2　逆变器可以由哪些分类方法？用什么指标来衡量逆变器的质量？其基本的应用领域有哪些？

5-3　换流方式有哪几种？各有什么特点？

5-4　电压型逆变器、电流型逆变器的电路结构有何差异？二者各有何特点？

5-5　电压型逆变电路中反馈二极管的作用是什么？为什么电流型逆变电路中没有反馈二极管？

5-6　有哪些方法可以调控逆变器的输出电压？

5-7　串联二极管式电流型逆变电路中，二极管的作用是什么？试分析换相过程。

5-8　逆变电路如图 5-30 所示，负载电阻 R 两端的电压波形如图 5-29b 所示，试画出功率开关器件 V_1 所承受的电压波形 u_{CE}。

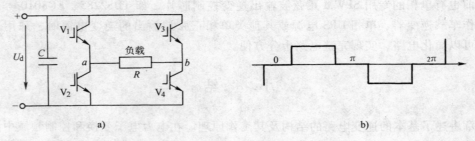

图 5-30　习题 5-8 图

a）逆变电路　b）R 两端电压波形

5-9　三相桥式电压型逆变电路，180°导电方式，$U_d = 100V$。试求输出相电压的基波幅值 U_{UN1m} 和有效值 U_{UN1}、输出线电压的基波幅值 U_{UVm} 和有效值 U_{UV}、输出线电压中 5 次谐波的有效值 U_{UV5}？

5-10　并联谐振式逆变电路利用负载电压进行换相，为保证换相应满足什么条件？

5-11　正弦脉宽调制 SPWM 的基本原理是什么？载波比 m 的定义是什么？

5-12　图 5-17 所示为单相桥式 PWM 逆变电路，也称为 "H" 形电路，试分析其分别工作于单极性、双极性方式时的基本原理。

5-13　图 5-31 所示为对应于图 5-17 电路 RL 负载时的输出电压和电流波形，试分析 1~4 各个区间导通工作的器件。1~4 各个区间导通工作的器件。

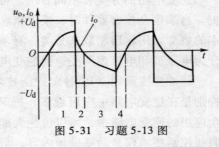

图 5-31　习题 5-13 图

5-14　试比较由 3 个单相逆变器组合成 1 个三相逆变器与三相桥式逆变器的优缺点。

5-15　什么是异步调制？什么是同步调制？二者各有何特点？

5-16　请用 MATLAB 语言中的动态仿真工具（SIMULINK）的电力系统工具箱（Power System Blockset）建立 1 个三相 PWM 逆变器主电路（见图 5-32），要求逆变器直流侧电压取 110V，逆变器功率器件选择 IG-BT 模块，接阻感性负载，并记录 PWM 驱动模块的调制度分别为 0.4 和 0.8 时输出电压的波形。

注：逆变器直流侧电压可取 110~220V；PWM 驱动模块中调制信号采用 50Hz 的正弦波，其调制度可从 0 调至 1，分别对应输出电压幅值为零至最大，载波频率可选择正弦波频率的 12~24 倍；IGBT 模块采用默认模块参数。

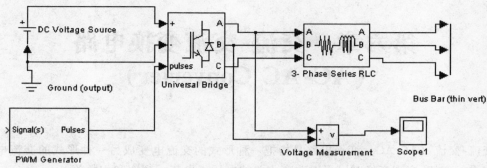

图 5-32 习题 5-16 图

第六章 交流-交流变换电路
（AC-AC Converter）

交流-交流（AC-AC）变换电路是指把一种形式的交流电变成另一种形式的交流电的电路。在进行交流-交流变换时，可以改变相关的电压、电流、频率和相数等。

第一节 概　　述

交流-交流变换技术可分为交流电力控制和交-交变频控制两大类别。

1. 交流电力控制电路

交流电力控制电路是只改变电压、电流或对电路进行通断控制的电路，不改变频率。其主要类型有以下三类：

（1）交流调压电路　维持频率不变，仅改变输出电压幅值的电路，采用相控或斩控方式控制。

（2）交流调功电路　通过改变接通周波数与断开周波数的比值来调节负载所需平均功率的电路，采用通断控制方式控制。

（3）交流电力电子开关　并不刻意调节输出平均功率，而只是根据需要接通或断开电路。

交流电力控制电路广泛应用于工业加热、灯光控制、交流调速、电动机软起动和交流开关等场合。

2. 交-交变频控制电路

交-交变频也称直接变频电路，或称周波变流器（Cycle-Converter），是不通过中间直流环节而把电网频率的交流电直接变换成不同频率交流电的变换电路。它广泛用于交流电动机调速的场合。

本章主要介绍交流调压电路、交流调功电路和变频电路的基本原理及应用，同时介绍了目前有良好发展前景的矩阵式变频电路的基本原理及其特点。

第二节 交流调压电路

一、单相交流调压

和整流电路一样，交流调压电路的工作情况也和负载性质有很大的关系，因此分别予以讨论。

1. 阻性负载

单相交流调压电路是交流调压中最基本的电路，它由两只反并联的晶闸管（或采用一只双向晶闸管代替）组成，如图 6-1 所示。图中两只晶闸管 VT$_1$ 和 VT$_2$ 分别作正负半周的开关。

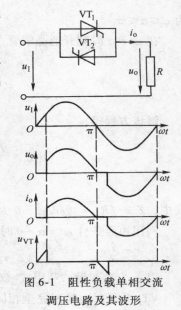

工作原理如下：在交流电源 u_I 正半周时，晶闸管 VT$_1$ 承受正向电压，在 α 角触发 VT$_1$ 使其导通，VT$_2$ 截止，则负载上得到了缺 α 角的正弦正半波电压，当电源电压过零时，VT$_1$ 电流下降为零而关断；而当输入电压 u_I 工作于负半周时，VT$_2$ 承受正向电压，当 $\pi + \alpha$ 时，触发 VT$_2$ 导通，则负载上又得到了缺角的正弦负半波电压。持续这样控制，在负载上得到每半波缺 α 角的正弦电压。改变角 α 的大小，便改变了输出电压有效值的大小。

由输出电压波形可求得负载电压的有效值为

$$U_o = \sqrt{\frac{1}{\pi}\int_\alpha^\pi (\sqrt{2}U_I\sin\omega t)^2 \mathrm{d}(\omega t)} = U_I\sqrt{\frac{1}{2\pi}\sin 2\alpha + \frac{\pi-\alpha}{\pi}}$$

(6-1)

图 6-1 阻性负载单相交流调压电路及其波形

负载电流有效值为

$$I_o = \frac{U_o}{R} = \frac{U_I}{R}\sqrt{\frac{1}{2\pi}\sin 2\alpha + \frac{\pi-\alpha}{\pi}}$$

(6-2)

晶闸管电流有效值为

$$I_{VT} = \sqrt{\frac{1}{2\pi}\int_\alpha^\pi \left(\frac{\sqrt{2}U_I\sin\omega t}{R}\right)^2 \mathrm{d}(\omega t)} = \frac{U_I}{R}\sqrt{\frac{1}{2}\left(1-\frac{\alpha}{\pi}+\frac{\sin 2\alpha}{2\pi}\right)}$$

(6-3)

输入功率因数为

$$\cos\varphi = \frac{P}{S} = \frac{U_o I_o}{U_I I_o} = \frac{U_o}{U_I} = \sqrt{\frac{1}{2\pi}\sin 2\alpha + \frac{\pi-\alpha}{\pi}}$$

(6-4)

从图 6-1 及以上各式可以看出，α 的移相范围为 $0 \le \alpha \le \pi$。$\alpha = 0$ 时，输出电压为最大值，$U_o = U_I$。随着 α 增大，U_o 降低，直到 $\alpha = \pi$ 时，$U_o = 0$。此外，$\alpha = 0$ 时，功率因数 $\cos\varphi = 1$，随着 α 增大，功率因数 $\cos\varphi$ 也逐渐降低。

2. 阻感性负载

阻感性负载单相交流调压电路及其波形如图 6-2 所示。设负载的阻抗角为 $\varphi = \arctan(\omega L/R)$。如果用导线把晶闸管完全短接，稳态时负载电流应是正弦波，其相位滞后于电源电压 u_I 的角度为 φ。在用晶闸管控制时，很显然只能进行滞后控制，使负载电流更为滞后，而无法使其超前。为了方便，把 $\alpha = 0$ 的时刻仍定在电源电压过零时刻，显然，阻感性负载下稳定时 α 的移相范围应

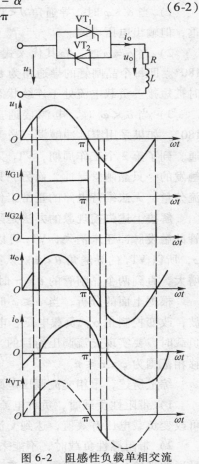

图 6-2 阻感性负载单相交流调压电路及其波形

为 $\varphi \leqslant \alpha \leqslant \pi$。

在 $\omega t = \alpha$ 时刻开通晶闸管 VT_1，负载电流应满足如下微分方程和初始条件：

$$L \frac{di_o}{dt} + Ri_o = \sqrt{2}U_1\sin\omega t \tag{6-5}$$

$$i_o \big|_{\omega t = \alpha} = 0$$

解该方程得

$$i_o = \frac{\sqrt{2}U_1}{Z}\big[\sin(\omega t - \varphi) - \sin(\alpha - \varphi)e^{\frac{\alpha - \omega t}{\tan\varphi}}\big] \tag{6-6}$$

$$\alpha \leqslant \omega t \leqslant \alpha + \theta$$

式中，$Z = \sqrt{R^2 + (\omega L)^2}$，$\theta$ 为晶闸管导通角。

利用边界条件 $\omega t = \alpha + \theta$ 时 $i_o = 0$，有

$$\sin(\alpha + \theta - \varphi) = \sin(\alpha - \varphi)e^{\frac{-\theta}{\tan\varphi}} \tag{6-7}$$

以 φ 为参变量，利用式（6-7）可以把 α 和 θ 关系用图 6-3 所示的一簇曲线来表示。

VT_2 导通时，情况完全相同，只是 i_o 极性相反，相位差 180°。

下面分 $\alpha > \varphi$、$\alpha = \varphi$、$\alpha < \varphi$ 三种情况来讨论该电路的工作情况：

1）当 $\alpha > \varphi$ 时，导通角 $\theta < 180°$，正负半波电流断续。α 越大，θ 越小，波形断续越严重，但输出电压可调。

2）当 $\alpha = \varphi$ 时，将其代入式（6-7）可得 $\sin(\theta - \varphi) = 0$，于是 $\sin(\alpha + \theta - \varphi) = 0$，$\theta = 180°$。即每个晶闸管的导通角为 $\theta = 180°$。此时每个晶闸管轮流导通 180°，相当于晶闸管此时被短接。负载电流处于连续状态，为完整的正弦波。

3）当 $\alpha < \varphi$ 时，电源接通后，如果先触发 VT_1，根据式（6-7），VT_1 的导通角大于 180°。如果采用窄脉冲触发，当 VT_1 的电流下降为零时，VT_2 的触发脉冲已经消失而无法导通。到了第 2 个工作周期，VT_1 又重复第 1 个周期工作，如图 6-4 所示。这样，就出现了先触发的一只晶闸管导通，而另一只晶闸管无法导通的失控现象。回路中将出现很大的直流电流分量，无法维持电路的正常工作。

解决上述失控现象的办法是采用宽脉冲或脉冲列，以保证 VT_1 管电流下降到零时，VT_2 管的触发脉冲还未消失，VT_2 可以在 VT_1 导通后接着导通，但 VT_2 的初始导电角 $\alpha + \theta - \pi > \varphi$，所以 VT_2 的导通角 $\theta < \pi$。从第 2 周期开始，VT_1 的导通角逐渐减小，VT_2 的导通角逐渐增大，直到两个晶闸管的 $\theta = \pi$ 时达到平衡。

根据上面的分析，当 $\alpha \leqslant \varphi$ 时并采用宽脉冲触发时，负载电压、电流总是完整的正弦波，改变控制角 α，负载电压、电流的有效值不变，即电路失去交流调压的作用。在阻感性负载时，要实现交流调压的目的，则最小控制角 $\alpha = \varphi$（负载的功率因数角），所以，α 角的移相范围为 $\varphi \leqslant \alpha \leqslant \pi$。

综上所述，单相交流调压电路可归纳为以下 3 点：

1）带阻性负载时，负载电流波形与单相桥式可控整流交流侧电流波形一致，改变 α 角可改变负载电压有效值，达到交流调压的目的。

2）带阻感性负载时，不能采用窄脉冲触发，否则当 $\alpha < \varphi$ 时，会发生 1 个晶闸管无法导通的现象，电流出现很大的直流分量，会烧毁熔断器或晶闸管。

3）带阻感性负载时，α 角的移相范围为 $\varphi \leqslant \alpha \leqslant \pi$。

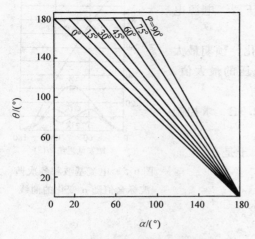

图 6-3　单相交流调压电路以 φ
为参变量的 θ 和 α 的关系曲线

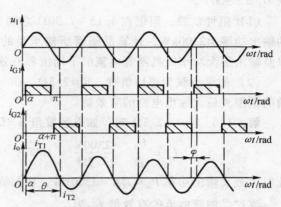

图 6-4　当 $\alpha < \varphi$ 时电压波形

3. 单相交流调压电路的谐波分析

从图 6-1 和图 6-2 的波形可以看出，负载电压和负载电流（即电源电流）均不是正弦波，含有大量谐波。

（1）阻性负载情况　由于波形正负半波对称，所以不含直流分量和偶次谐波，用傅里叶级数表示如下：

$$u_o(\omega t) = \sum_{n=1,3,5,\cdots}^{\infty} (a_n \cos n\omega t + b_n \sin n\omega t) \tag{6-8}$$

式中，$a_1 = \dfrac{\sqrt{2}U_1}{2\pi}(\cos 2\alpha - 1)$；

$$b_1 = \dfrac{\sqrt{2}U_1}{2\pi}[\sin 2\alpha + 2(\pi - \alpha)]；$$

$$a_n = \dfrac{\sqrt{2}U_1}{\pi}\left\{\dfrac{1}{n+1}[\cos(n+1)\alpha - 1] - \dfrac{1}{n-1}[\cos(n-1)\alpha - 1]\right\}(n = 3,5,7,\cdots)；$$

$$b_n = \dfrac{\sqrt{2}U_1}{\pi}\left[\dfrac{1}{n+1}\sin(n+1)\alpha - \dfrac{1}{n-1}\sin(n-1)\alpha\right](n = 3,5,7,\cdots)。$$

基波和各次谐波的有效值按下式求出：

$$U_{on} = \dfrac{1}{\sqrt{2}}\sqrt{a_n^2 + b_n^2} \quad (n = 1,3,5,7,\cdots) \tag{6-9}$$

负载电流基波和各次谐波的有效值为

$$I_{on} = U_{on}/R \tag{6-10}$$

根据式（6-10）的计算结果，可绘出电流基波和各次谐波标幺值随 α 变化的曲线，如图 6-5 所示。其中基准电流为 $\alpha = 0$ 时的有效值。

（2）阻感性负载情况　电流谐波次数和电阻负载时相同，也只含 3、5、7、⋯等次谐波，随着次数的增加，谐波含量减少。和阻性负载相比，阻感性负载时的谐波含量少一些，

α 角相同时，随着阻抗角 φ 的增大，谐波含量有所减少。

例 6-1　由晶闸管反并联组成的单相交流调压器，电源电压 $U_1 = 2\,300\text{V}$。

（1）阻性负载，阻值在 $1.15 \sim 2.30\Omega$ 之间变化，预期最大的输出功率为 2300kW，计算晶闸管所能承受的电压的最大值，以及输出最大功率时晶闸管电流的平均值和有效值。

（2）如果负载为感性负载，$R = 2.3\Omega$，$\omega L = 2.3\Omega$，求控制角的范围及最大输出电流的有效值。

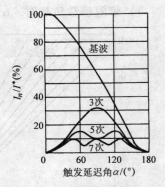

图 6-5　电流基波和各次谐波标幺值随 α 变化的曲线

解：（1）当 $R = 2.3\Omega$ 时，如果触发角 $\alpha = 0$，于是有

$$I_\text{o} = \frac{U_1}{R} = \frac{2300\text{V}}{2.3\Omega} = 1000\text{A}$$

此时，最大输出功率 $P_\text{o} = I_\text{o}^2 R = 2300\text{kW}$，满足要求。

流过晶闸管电流的有效值 I_VT 为

$$I_\text{VT} = \frac{I_\text{o}}{\sqrt{2}} = 707\text{A}$$

输出最大功率时，$\alpha = 0$，$\theta = \pi$，负载电流连续，即

$$i_\text{o} = \frac{\sqrt{2}U_1}{R}\sin\omega t$$

此时晶闸管电流的平均值为

$$I_\text{dVT} = \frac{1}{2\pi}\int_0^\pi \frac{\sqrt{2}U_1}{R}\sin\omega t\,\text{d}(\omega t) = \frac{\sqrt{2}U_1}{\pi R} = 450\text{A}$$

当 $R = 1.15\Omega$ 时，如果调压器向负载送出原先规定的最大功率，则 $\alpha > 0$。设此时负载电流为 I_o，由 $P_\text{o} = I_\text{o}^2 R = 2\,300\text{kW}$，得

$$I_\text{o} = 1414\text{A}$$

晶闸管电流的有效值为

$$I_\text{VT} = \frac{I_2}{\sqrt{2}} = 1000\text{A}$$

加到晶闸管的正、反向最大电压为 $\sqrt{2} \times 2300\text{V} = 3253\text{V}$。

（2）因为负载功率因数角为

$$\varphi = \arctan\frac{\omega L}{R} = \frac{\pi}{4}$$

最小控制角为

$$\alpha_\text{min} = \varphi = \frac{\pi}{4}$$

故控制角的范围为 $\pi/4 \leqslant \alpha \leqslant \pi$。

最大电流发生在 $\alpha_\text{min} = \varphi = \pi/4$，负载电流为正弦波，其有效值为

$$I_\text{o} = \frac{U_1}{\sqrt{R^2 + (\omega L)^2}} = 707\text{A}$$

二、三相交流调压

三相交流调压器的接线形式很多，各有其特点。下面介绍主要的接线形式。

1. 三相四线制调压电路

三相四线制调压电路如图 6-6 所示，实际上是 3 个单相交流调压电路的组合。同相间两管的触发脉冲要互差 180°。各晶闸管导通顺序为 $VT_1 \sim VT_6$，依次滞后间隔 60°。由于存在中性线，只需要 1 个晶闸管导通，负载就有电流流过，故可采用窄脉冲触发。该电路工作时，中性线上谐波电流较大，含有 3 次谐波。若变压器采用三柱式结构，则 3 次谐波磁通不能在铁心中形成通路，产生较大的漏磁通，引起发热和噪声。该电路中晶闸管上承受的峰值电压为 $\sqrt{\dfrac{2}{3}}U_1$（U_1 为线电压）。

2. 三相三线制调压电路

三相三线制调压电路如图 6-7 所示。负载可以接成星形也可以接成三角形。由于没有中性线，必须保证两相晶闸管同时导通，负载中才有电流流过，与三相全控桥一样，必须采用宽脉冲或双窄脉冲触发，6 只晶闸管的门极触发顺序为 $VT_1 \sim VT_6$，依次间隔 60°。相位控制时，电源相电压过零处便是对应的晶闸管触发延迟角的起点（$\alpha = 0$）。该电路的优点是输出谐波含量低，且没有 3 次谐波，对邻近的通信线路干扰小，因此应用广泛。

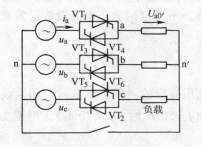

图 6-6　三相四线制调压电路

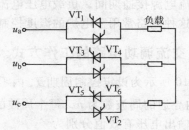

图 6-7　三相三线制调压电路

三、斩控式交流调压电路

斩控式交流调压电路如图 6-8 所示，一般采用全控型器件作为开关器件。

其基本原理和直流斩波电路有类似之处，只是直流斩波电路的输入是直流电压，而斩控式交流调压电路的输入是正弦交流电压。在交流电源 u_1 的正半周，用 V_1 进行斩波控制，用 V_3 给负载提供续流通道；在 u_1 的负半周，用 V_2 进行斩波控制，用 V_4 给负载电流提供续流通道。设斩波器件（V_1 或 V_2）导通时间为 t_{on}，开关周期为 T，则导通比 $\tau = t_{on}/T$。和直流斩波电路一样，也可以通过改变 τ 来调节输出电压。图 6-9 所示为阻性负载时负载电压 u_o 和电源电流 i_1（也是负载电流）的波形。通过傅里叶分析可知，电源电流中不含低次谐波，只含和开关周期 T 有关的高次谐波。这些高次谐波用很小的滤波器就可以滤除。这时电路的功率因数接近 1。

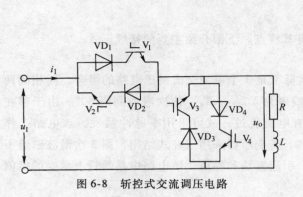

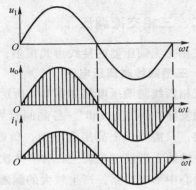

图 6-8　斩控式交流调压电路　　　　　图 6-9　阻性负载斩控式交流调压电路波形

第三节　交流调功电路

一、交流调功电路的基本概念

交流调功电路和交流调压电路的电路形式完全相同，只是控制方式不同。交流调功电路采用通断控制方式，将负载与交流电源接通几个整周波，再断开几个整周波，通过改变接通周波数与断开周波数的比值来调节负载所消耗的平均功率，因直接调节对象是平均输出功率，所以称为交流调功电路。通常控制开关管导通的时刻都是在电源电压过零的时刻，这样，在交流电源接通期间，负载电压电流都是正弦波，不对电网电压电流造成通常意义的谐波污染。这种电路常用于电炉的温度控制。

二、交流调功电路的工作方式

图 6-10 所示为设定控制周期 T_c 内零触发输出电压波形的两种工作方式，如果设定控制周期 T_c 内导通的周波数为 n，每个周波的周期为 T（$f = 50\,\mathrm{Hz}$ 时，$T = 20\,\mathrm{ms}$），则调功器的输出功率和输出电压有效值分别为

$$P = \frac{nT}{T_c} P_n \tag{6-11}$$

$$U = \sqrt{\frac{nT}{T_c}} U_n \tag{6-12}$$

式中，P_n、U_n 为设定控制周期 T_c 内全部周波导通时，装置输出的功率与电压有效值。因此，改变导通的周波数 n 即可改变电压和功率。

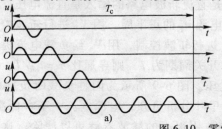

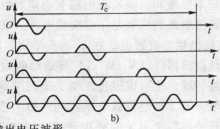

图 6-10　零触发输出电压波形

a）全周波连续式　b）全周波断续式

第四节 交-交变频电路

本节所介绍的交-交变频电路是不通过中间直流环节而把电网频率的交流电直接变换为不同频率交流电的变频电路，因无中间直流环节，因此属于直接变频电路。

交-交变频电路按输出的相数分为单相和三相，单相输出变频电路是三相输出变频电路的基础，实际使用的主要是三相输出交-交变频电路。交-交变频电路广泛用于大功率交流电动机调速传动系统。

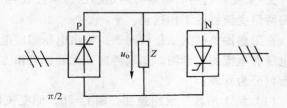

一、单相交-交变频电路

1. 电路结构和工作原理

图 6-11 所示是单相交-交变频电路原理图和输出波形。电路由 P 组和 N 组反并联的晶闸管变流电路构成。变流器 P 组和 N 组都是相控整流电路，P 组工作时，负载电流 i_o 为正，N 组工作时，i_o 为负。让两组变流器按一定频率交替

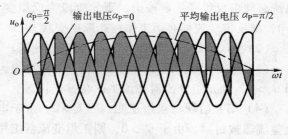

图 6-11 单相交-交变频电路原理图和输出波形

工作，负载就得到该频率的交流电。改变两组变流器的切换频率，就可以改变输出频率 ω_o。改变变流电路工作时的控制角 α，就可以改变交流输出电压的幅值。

为了使输出电压 u_o 的波形接近正弦波，可以按正弦规律对 α 角进行调制。如图 6-11 所示的波形（三相半波交流输入单相交流输出），可在半个周期内让正组变流器 P 的 α 角按正弦规律从 90°逐渐减小到 0°或某个值，然后再逐渐增大到 90°。这样，每个控制间隔内的平均输出电压就按正弦规律从零逐渐增至最高，再逐渐减低到零，如图中虚线所示。另外半个周期可对变流器 N 进行同样的控制。

从波形可以看出，输出电压 u_o 并不是平滑的正弦波，而是由若干段电源电压拼接而成。在输出电压的一个周期内，所包含的电源电压段数越多，其波形就越接近正弦波。因此，变流电路通常采用 6 脉波的三相桥式电路或 12 脉波电路。

正反两组（P 组和 N 组）变流器切换时，不能简单将原来工作的整流器封锁，同时将原来封锁的整流器立即开通。因为已开通晶闸管并不能在触发脉冲取消的那一瞬间立即被关断，必须待晶闸管承受反压时才能关断。如果两组变流器切换使触发脉冲的封锁和开放同时进行，原先导通的那组变流器不能立即关断，而原来封锁的那组变流器

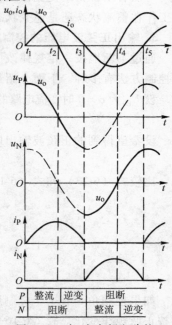

图 6-12 交-交变频电路的输出波形和工作状态

已经开通，于是出现两组桥同时导通的现象，将会产生很大的短路电流，使晶闸管损坏。为了防止在负载电流反向时环流的产生，将原来工作的变流器封锁后，必须留有一定的死区时间，再将原来封锁的变流器开通工作。这种两组桥任何时刻只有一组工作，在两组桥之间不存在环流，称为无环流控制方式。

2. 变频电路的工作过程

交-交变频电路的负载可以是感性、阻性或容性。下面以使用较多的感性负载为例，来说明两组变流器的工作过程。

在阻感性负载的工作情况下，输出电压超前电流，图 6-12 所示是单相交-交变频电路输出电压和电流的波形图。如果考虑到无环流工作方式下负载电流过零的死区时间，一周期的波形可分为 6 段：

（1）第 1 阶段　反组逆变。因 $i_o < 0$，而变流器的输出电流具有单向导电性，负载负向电流必须由反组变流器输出，则此阶段为反组变流器工作，正组变流器被封锁。又由于 $u_o > 0$，则反组变流器必须工作在有源逆变状态。

（2）第 2 阶段　电流过零，为无环流死区。

（3）第 3 阶段　正组整流。因 $i_o > 0$，只能为正组变流器工作，反组变流器被封锁。又因 $u_o > 0$，则正组变流器必须工作在整流状态。

（4）第 4 阶段　正组逆变。因 $i_o > 0$，由于电流方向没有变，故为正组变流器工作，反组整流器被封锁。由于 $u_o > 0$，则正组变流器工作在整流状态。

（5）第 5 阶段　电流过零，为无环流死区。

（6）第 6 阶段　反组整流。因 $i_o < 0$，反组变流器工作，正组变流器被封锁。又因 $u_o < 0$，则反组变流器工作在整流状态。

可以看出，哪组变流器工作是由输出电流的方向决定的，与输出电压极性无关。变流电路工作在整流状态还是逆变状态，则是由输出电压方向与输出电流方向的异同来确定的。

3. 输出正弦波电压的控制方法

通过不断地按一定规律改变控制角 α，使交-交变频电路的输出电压波形基本为正弦波的控制方法有多种。下面介绍最基本的、广泛使用的"余弦交点法"。

设 U_{d0} 为 $\alpha = 0$ 时变流电路的理想空载电压，则变流电路在每个控制间隔输出的平均电压为

$$u_o = U_{d0}\cos\alpha \tag{6-13}$$

设希望得到的正弦波输出电压为

$$u_o = U_{om}\sin\omega_0 t \tag{6-14}$$

比较式（6-13）和式（6-14），应使

$$\cos\alpha = \frac{U_{om}}{U_{d0}}\sin\omega_0 t \tag{6-15}$$

得

$$\alpha = \arccos\frac{U_{om}}{U_{d0}}\sin\omega_0 t \tag{6-16}$$

如果控制角 α 在 1 个控制周期内按式（6-16）确定，则每个控制间隔输出电压的平均值将按正弦规律变化。式（6-16）为用余弦交点法求交-交变频电路的基本公式。

下面用图 6-13 来对余弦交点法作进一步说明。图 6-13 中，电网线电压 u_{UV}、u_{UW}、u_{VW}、

u_{VU}、u_{WU}、u_{WV} 依次用 $u_1 \sim u_6$ 表示，相邻两个线电压的交点对应于 $\alpha = 0$。$u_1 \sim u_6$ 所对应的同步余弦信号用 $u_{s1} \sim u_{s6}$ 表示。$u_{s1} \sim u_{s6}$ 比相应的 $u_1 \sim u_6$ 超前30°。也就是说，$u_{s1} \sim u_{s6}$ 的最大值时刻正好和相应线电压 $\alpha = 0$ 的时刻对应，若以 $\alpha = 0$ 为零时刻，则为余弦信号。设希望输出的电压为 u_o，则各晶闸管的触发时刻由相应的同步电压 $u_{s1} \sim u_{s6}$ 的下降段和 u_o 的交点来决定。

图 6-14 所示为余弦交点法触发脉冲系统框图。它采用两种波形比较的办法得到发出触发脉冲的时刻。一个是同步余弦波，它与电源电压同步，频率相同；另一个是控制波，用来控制 α 按正弦规律变化，常选用正弦波，其频率与所要求的输出电压频率相同。

二、三相交-交变频电路

交-交变频电路主要应用于大功率交流电动机调速系统，因此，实际使用的主要是三相交-交变频电路。三相交-交变频电路是由 3 组输出电压相位各差 120°的单相交-交变频电路组成，因此，单相交-交变频电路的许多分析和结论对三相交-交变频电路都是适用的。电路接线形式主要有以下两种。

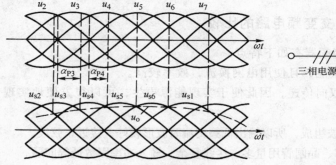

图 6-13　余弦交点法原理

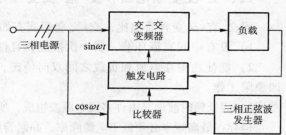

图 6-14　余弦交点法触发系统框图

1. 公共交流母线进线方式

图 6-15 所示是公共交流母线进线方式的三相交-交变频电路简图。它由 3 组彼此独立的、输出电压相位互相错开 120°的单相交-交变频电路构成，它们的电压进线通过进线电抗器接在公共的交流母线上。因为电源进线端公用，所以 3 组单相交-交变频电路的输出端必须隔离。为此，交流电动机的 3 个绕组必须拆开，共引出 6 根线。这种电路主要用于中等容量的交流调速系统。

2. 输出星形联结方式

图 6-16 所示是输出星形联结方式的三相交-交变频电路原理图。三组单相交-交变频电

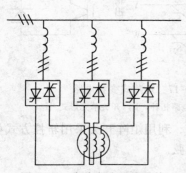

图 6-15　公共交流母线进线
三相交-交变频电路

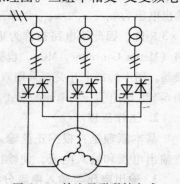

图 6-16　输出星形联结方式
三相交-交变频电路

路的输出端是星形联结，电动机的 3 个绕组也是星形联结，电动机中性点不和变频器中性点连接在一起，其电源进线必须隔离，因此三组单相交-交变频器分别用 3 个变压器供电。

由于变频器输出端中性点不和负载中性点相连接，所以在构成三相变频器的 6 组桥式电路中，至少要有不同相的两组桥中的 4 个晶闸管同时导通才能构成回路，形成电流。同一组桥内的两个晶闸管靠双脉冲保证同时导通，两组桥之间依靠足够的脉冲宽度来保证同时有触发脉冲。

三、交-交变频电路输出频率上限的限制

交-交变频电路的输出电压是若干段电压拼接而成的。当输出频率升高时，输出电压一个周期内电网电压的段数就减少，所含的谐波分量就要增加。这种输出电压波形的畸变是限制输出频率提高的主要因素之一。一般认为，交流电路采用 6 脉波的三相桥式电路时，最高输出频率不高于电网频率的 $1/3 \sim 1/2$。电网频率为 50Hz，交-交变频电路的输出上限频率约为 20Hz，这也是限制了交-交变频电路用途的主要原因。但对电路进行组合、变换或使用自关断器件，可以提高输出频率的上限，甚至可以使得输出频率高于输入频率。

四、交-交变频电路和交-直-交变频电路的比较

同交-直-交变频器相比，交-交变频器有如下特点：

1）没有中间直流环节，属一次换能，且使用电网换流，效率较高。

2）能使功率在电源和负载之间双向传递，因此便于实现能源再生，可以很方便地实现四象限工作。

3）因低频时波形是由许多段电源波组成，所以输出低频交流时波形较好，接近正弦波。

但存在最高频率必须低于电源频率、晶闸管用量多、接线复杂、输入功率因数低等问题。

五、矩阵式变频电路

前面介绍的是采用相位控制方式的交-交变频电路。近年来出现了一种新颖的矩阵式变频电路。这种电路也是一种直接变频电路，电路所用的开关器件是全控型的，控制方式不是相控方式而是斩控方式。

1. 电路结构

图 6-17a 所示是矩阵式变频电路的主电路拓扑。三相输入电压为 u_a、u_b 和 u_c，三相输出电压为 u_U、u_V、u_W。9 个开关器件组成 3×3 矩阵。因此该电路被称为矩阵式变频电路（Matrix Converter，MC），也被称为矩阵变换器。图中的每个开关都采用双向可控开关，图 6-17b 给出了开关单元的形式。

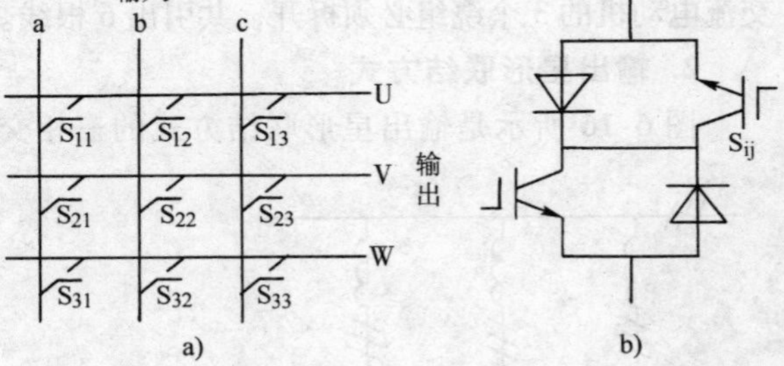

图 6-17　矩阵式变频电路
a）主电路拓扑　b）开关单元形式

2. 工作原理

基本原理是：根据正弦输入电压和希望的正弦输出电流，利用矩阵开关采用斩控方式构造输出电压和输入电流，使输出电压和输入电流均可以为正弦。

3. 输出电压与输入电流分析

下面以三相输入电压构造相电压输出方式为例进行分析。

以斩控方式对矩阵式变频电路中的开关进行斩控，利用对开关 S_{11}、S_{12}、S_{13} 构造输出电压 u_U 时，为了防止输入电源短路，在任何时刻只能有 1 个开关接通。考虑到负载一般是阻感性负载，负载电流具有电流源性质，为使负载不致开路，在任一时刻必须有 1 个开关接通。因此，U 相输出电压 u_U 和各相输入电压的关系为

$$u_U = \sigma_{11}u_a + \sigma_{12}u_b + \sigma_{13}u_c \tag{6-17}$$

式中，σ_{11}、σ_{12}、σ_{13} 为一个开关周期内开关 S_{11}、S_{12}、S_{13} 的导通占空比。且 $\sigma_{11} + \sigma_{12} + \sigma_{13} = 1$，这是因为在任何时刻都只能有 1 个开关导通。

用同样的方法控制图 6-17a 矩阵中的第 2 行和第 3 行开关，可得到类似于式（6-17）的表达式。把这些公式合写成矩阵的形式，即

$$\begin{pmatrix} u_u \\ u_v \\ u_w \end{pmatrix} = \begin{pmatrix} \sigma_{11} & \sigma_{12} & \sigma_{13} \\ \sigma_{21} & \sigma_{22} & \sigma_{23} \\ \sigma_{31} & \sigma_{32} & \sigma_{33} \end{pmatrix} \begin{pmatrix} u_a \\ u_b \\ u_c \end{pmatrix} \tag{6-18}$$

式中，

$$\boldsymbol{\sigma} = \begin{pmatrix} \sigma_{11} & \sigma_{12} & \sigma_{13} \\ \sigma_{21} & \sigma_{22} & \sigma_{23} \\ \sigma_{31} & \sigma_{32} & \sigma_{33} \end{pmatrix}$$

称为调制矩阵。它是时间的函数，每个元素在每个开关周期中都是不同的。

在矩阵式变频电路中，9 个开关的通断情况决定后，即 $\boldsymbol{\sigma}$ 矩阵中各元素确定后，输入电流 i_a、i_b、i_c 和输出电流 i_U、i_V、i_W 的关系也就确定了，则输入输出电流的关系为

$$\begin{pmatrix} i_a \\ i_b \\ i_c \end{pmatrix} = \begin{pmatrix} \sigma_{11} & \sigma_{21} & \sigma_{31} \\ \sigma_{12} & \sigma_{22} & \sigma_{32} \\ \sigma_{13} & \sigma_{23} & \sigma_{33} \end{pmatrix} \begin{pmatrix} i_U \\ i_V \\ i_W \end{pmatrix} \tag{6-19}$$

式（6-18）和式（6-19）是矩阵式变频电路的基本输入输出关系式。

对于一个实际系统来说，输入电压和所需要的输出电流是正弦波。因此只要控制好调制矩阵 $\boldsymbol{\sigma}$ 就可以控制输出电压和输入电流为正弦波。

4. 矩阵式变频电路的优、缺点

矩阵式变频电路的优点是输出电压为正弦波，输出频率不受电网的限制；输入电流也可以控制为正弦波且和电压同相，功率因数为 1，也可控制为需要的功率因数；能量可双向流动，适用于交流电动机的四象限运行；不通过中间直流环节而直接实现变频，效率高。因此，这种电路的电气性能是十分理想的。

矩阵式变频电路的缺点是所用的开关器件为 18 个，电路结构较复杂，成本较高，控制方法还不算成熟；其输出输入电压与最大电压之比只有 0.866，用于交流电动机调速时输出电压偏低。这些是其尚未进入实用的主要原因。

但该电路有十分突出的优点和十分理想的电气性能，和目前广泛应用的交-直-交变频电路相比，虽多用了 6 个开关器件，却省去了直流侧大电容，将使体积减小，有利于实现集成化和模块化，因此矩阵式变频器将有很好的发展前景。

第五节　交流变换电路的应用技术

一、交流电力电子开关

交流电力电子开关响应速度快、无触点、寿命长，同时，由于晶闸管总是在电流过零时

关断，在关断时不会因负载或线路电感储存能量而造成暂态过电压和电磁干扰，因此特别适用于操作频繁、可逆运行及有易燃气体、多粉尘的场合。

交流开关的控制目的是根据需要控制电路的接通和断开。交流开关的特点是晶闸管在承受正半周电压时触发导通，而它的关断是利用电压负半周在管子上的反压来实现，在电流过零时自然关断。简单的晶闸管交流开关的基本形式如图 6-18 所示。图 6-18a 所示是普通晶闸管反并联的交流开关，当 S 合上时，靠管子本身的阳极电压作为触发电压，具有强触发性质，即使触发电流很大的管子也能可靠触发，负载上得到的基本是正弦电压。图 6-18b 采用了双向晶闸管，线路简单但工作频率比反并联电路低。图 6-18c 所示是光耦合双向晶闸管零电压固态开关（Solid State Switch，简称 SSS），1、2 端输入信号时，光控晶闸管门极不短接时，光耦合器的光控晶闸管导通，电流经整流桥与导通的光控晶闸管提供门极电流，使 VT 导通。由 R_3、R_2、V_1 组成零电压开关功能电路，当电源电压过零并升至一定幅值时 V_1 导通，光控晶闸管被关断。

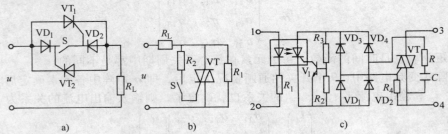

图 6-18　简单的晶闸管交流开关的基本形式

a）普通晶闸管反并联交流开关　b）双向晶闸管交流开关

c）光耦合双向晶闸管零电压固态开关

二、交流调光台灯电路

交流调光台灯电路是交流调压电路的典型应用。如图 6-19 所示，双向二极管 VD 是 3 层 PNP 结构，两个 PN 结具有对称的击穿特性，击穿电压为 30V 左右。当双向晶闸管 VT 阻断时，电容 C_1 经电位器 RP 充电，当 u_{C1} 达到一定数值时，双向二极管 VD 击穿导通，双向晶闸管 VT 也触发导通；电源反向时，VD 反向击穿，反向触发晶闸管 VT 导通。负载上得到的是正负缺角的正弦波，改变 RP 的阻值可改变触发延迟角 α，从而改变负载上得到的电压值。

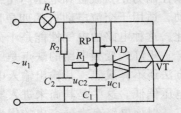

图 6-19　交流调光台灯电路

当电路工作在较大的 α 时，过大的 RP 阻值使电容 C_1 充电缓慢，由于大 α 时触发电路的电源电压已经过峰值并降得很低，造成 C_1 上的充电电压过小，不足以击穿双向二极管 VD，因而在电路中增设了 R_2、R_1、C_2。当在大 α 工作时，获得滞后电压 u_{C2}，给电容 C_1 增加一个充电电路，以保证 VT 能可靠触发，增大调压范围。

三、静止无功补偿装置

无功率补偿电容是传统的无功补偿装置，其阻抗是固定的，不能跟踪负荷无功需求的变化，不能实现对无功功率的动态补偿。而随着电力系统的发展，对无功功率进行快速动态补偿的需求越来越大。无功补偿装置的种类很多，这里介绍晶闸管控制电抗器和晶闸管投切电容器两种主要的静止无功补偿装置。

1. 晶闸管控制电抗器（Thyristor Controlled Reactor，TCR）

图 6-20 所示为按支路控制三角形联结方式的 TCR。图中的电抗器中所含电阻很小，可以近似看成纯电感负载，因此 α 的移相范围为 90°～180°。通过对 α 的控制，可以连续调节无功功率。如配以固定电容，就可以在从容性到感性的范围内连续调节无功功率，被称为静止无功补偿装置（Static Var Compensator，SVC）。这种装置在电力系统中广泛用来对无功功率进行补偿，以补偿电压波动或闪变。

图 6-21 所示为不同 α 时 TCR 电路的负载相电流和输入线电流的波形。

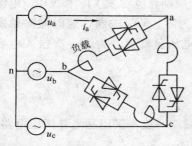
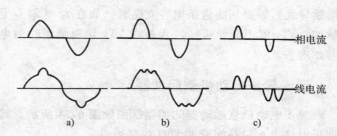

图 6-20　晶闸管控制
电抗器（TCR）电路

图 6-21　TCR 电路负载相电流和输入线电流波形
a) $\alpha = 120°$　b) $\alpha = 135°$　c) $\alpha = 160°$

2. 晶闸管投切电容（Thyristor Controlled Capacitor，TSC）

图 6-22 所示是 TSC 的基本原理图。图中给出的是单相电路，实际上常用的是三相电路，联结形式可以是三角形，也可以是星形。图 6-22a 所示是基本单元，两个反并联的晶闸管起着把电容 C 并入电网或从电网断开的作用，串联的电感 L 很小，只是用来抑制电容器组投入电网可能出现的冲击电流。在实际工程中，为避免容量较大的电容器组同时投入或切断会对电路造成较大的冲击，一般把电容器分成几组，如图6-22b所示。这样，可以根据电网对无功的需求而改变投入电容器的容量，TSC 实际上就称为断续可调的动态无功功率补偿器。

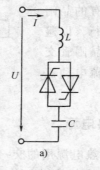
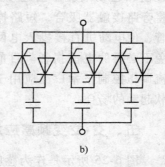

图 6-22　TSC 基本原理图
a) 基本单元　b) 分组投切

TSC 运行时选择晶闸管投入时刻的原则是，该时刻交流电源电压应和电容器预先充电的电压相等。这样，电容器电压不会产生跃变，也不会产生冲击电流。一般说来，理想情况下，希望电容器预先充电电压为电源电压峰值，这时电源电压的变化率为零，因此在投入时刻 i_C 为零，之后才按正弦规律上升。这样，电容器投入过程不但没有冲击电流，电流也没有阶跃变化。图 6-23 所示为 TSC 理想投切时刻的原理图。

图 6-23 中，在本次导通开始之前，电容器的端电压 u_C 已由上次导通时段最后导通的晶

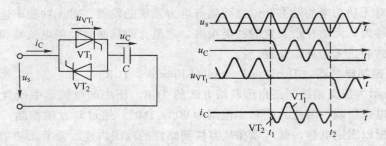

图 6-23　TSC 理想投切时刻的原理图

闸管 VT_1 充电至电源电压 u_s 的正峰值。本次导通开始时刻取为 u_s 和 u_C 相等的时刻 t_1，给 VT_2 触发脉冲使之开通，电容电流 i_c 开始流通。以后每半个周期轮流触发 VT_1 和 VT_2，电流继续导通。需要切除这条电容支路时，如在 t_2 时刻 i_C 已降为零，VT_2 关断，这时撤除触发脉冲，VT_1 就不会导通，u_c 保持在 VT_2 导通结束时的电源电压负峰值，为下一次投入电容器作准备。

四、异步电动机软起动器

异步电动机软起动器的控制框图如图 6-24 所示。其主回路一般都采用晶闸管调压电路。调压电路由 6 只晶闸管两两反并联组成，串接于电动机的三相供电线路上。通过控制晶闸管的导通角，按预先设定的模式调节输出电压，以控制电动机的起动过程和起动电流。当起动过程结束后，将旁路接触器吸合，短路掉所有的晶闸管，使电动机直接投入电网运行，以避免不必要的电能损耗。目前，晶闸管交流调压控制技术广泛应用于交流电动机软起动的场合。

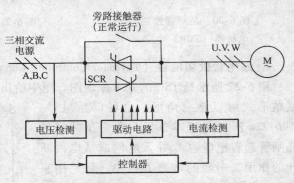

图 6-24　异步电动机软起动器控制框图

五、交-交变频感应加热电源

图 6-25 所示是作为感应加热电源用的交-交变频电路，它可以不经过中间直流环节，从三相交流直接得到 1000Hz 左右的单相交流。作为负载的感应炉加热线圈和补偿功率因数用的电容器构成串联谐振电路，利用负载电压实现换相，因此其输出频率 f_o 可以远远高于电网频率 f_{io}。若用补偿电容器和负载线圈构成并联谐振电路，也可以构成负载换相交-交变频电路。其换相原理和第五章第三节的单相电流型逆变电路相似，在此不再赘述。

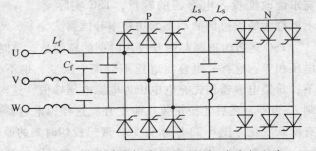

图 6-25　作为感应加热电源用的交-交变频电路

六、交-交变换电路应用于电动机调速系统

交-交变换电路广泛应用于交流电动机调速系统。因本章的第一节和第三节分别对交流调压电路和交-交变频电路的原理已经作了较详细的介绍，这里只对交流调压调速系统和交-交变频调速系统作简要的介绍。

1. 交流调压调速系统

交流调压调速的主电路已由晶闸管构成的交流调压器取代了传统的自耦变压器和带直流磁化绕组的饱和电抗器，装置的体积得到了减小，调速性能也得到了提高。晶闸管交流调压调速系统其主要优点是线路简单、调压装置体积小、价格低廉、使用维修方便；其主要缺点是在低速运行时，电动机的损耗很大，电动机发热严重，效率低，所以仅用于一些短时或重复短时作深调速运行的负载。为了得到较好的调速精度和较宽的调速范围，通常采用闭环控制系统。

2. 交-交变频调速系统

交-交变频器主要用于 500kW 或 1000kW 以上，转速在 600r/min 以下的大功率、低转速的交流调速系统中，已在矿石破碎机、卷扬机、鼓风机及轧机主传动等装置中获得了较多的应用。它既可用于异步电动机，也可用于同步电动机传动。目前，我国也在开发交-交变频技术，现已具有提供 3000～4000kW 带矢量控制的高性能交-交变频调速装置的能力。

最后要说明的是，在交流交换电路中，如果应用场合功率较大，一般还是采用背靠背普通晶闸管并联构成双向开关器件。在中小功率的场合则可以用双向晶闸管，比如采用 BT131、BTA12 等型号的晶闸管。

小 结

交流-交流（AC-AC）变换电路有两大主要类型：交流电力控制电路和交-交变频电路。其中交流电力控制电路是只改变电压、电流或对电路的通断进行控制，不改变频率。它主要有交流调压电路、交流调功电路和交流电力电子开关。交流调压电路是以改变交流输出电压为目的，通过相控方式或交流斩波方式来达到调节输出电压幅值。交流调功电路是以改变功率为目的，通过改变开关的接通周波数和断开周波数的比值来调节输出平均功率，属通断控制方式。交流电力电子开关是并不着意去改变电压、电流或输出平均功率，而只是根据需要控制电路的接通或断开。交-交变频电路是以改变频率为目的，将一种频率的交流电变为另一种频率的交流电。

本章的要点如下：

1）交流-交流变流电路的分类及其基本概念。

2）单相交流调压电路的电路构成，在阻性负载和阻感性负载时的工作原理和电路特性。

3）三相交流调压电路的基本构成和基本工作原理。

4）交流调功电路和交流电力电子开关的基本概念。

5）晶闸管相位控制交-交变频电路的电路构成、工作原理和输入输出特性。

6）矩阵式交-交变频电路的基本概念。

7）各种交流-交流变换电路的主要应用。

习题与思考题

6-1　一单相晶闸管交流调压电路，$U_2 = 220V$，$L = 5.516mH$，$R = 1\Omega$，求触发延迟角 α 的移相范围、负载电流最大值、最大输出功率和功率因数。

6-2　一台 220V、10kW 的电炉，采用晶闸管单相交流调压，现使其工作在 5kW，试求电路的触发延迟角 α、负载电流和电源侧功率因数。

6-3　单相交流晶闸管调压器，用于电源 220V，阻感性负载，$R = 9\Omega$，$L = 14mH$，当 $\alpha = 20°$ 时，求负载电流有效值及其表达式。

6-4　交流调压电路和交流调功电路有什么区别？各有何特点？

6-5　试述交-交变频电路的工作原理。

6-6　交-交变频电路的输出频率有何限制？制约输出频率提高的因数是什么？

6-7　和交-直-交变频器相比，交-交变频器有何优缺点？适于应用在哪些场合？

6-8　用 MATLAB 仿真单相交流调压电路，设输入交流电压为 100V，频率为 50Hz，触发电路的周期取 0.01s，触发角（Phase Delay）取 0.04s。分别按如下负载参数进行仿真，要求得到输出电压、输出电流、晶闸管 VT_1 的电压和电流的波形。仿真器算法用 ode15s 或 ode23tb。

（1）负载参数取 $R = 10\Omega$，$L = 0H$（纯电阻负载，电路工作正常）；

（2）负载参数取 $R = 10\Omega$，$L = 5H$（阻感性负载，此时 $\alpha < \beta$，电路失控）；

（3）负载参数取 $R = 10\Omega$，$L = 0.04H$（阻感性负载，此时 $\alpha > \beta$，电路工作正常）。

参考仿真图如图 6-26 所示。

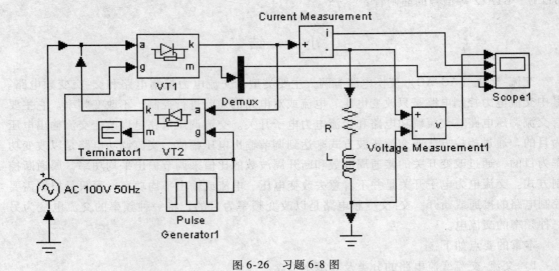

图 6-26　习题 6-8 图

第七章 现代电力电子技术及其应用

电力电子技术是发展迅速的一门学科，早期的电力电子技术应用主要是围绕晶闸管器件在大功率整流电源、直流斩波、中频逆变电源、交-交变频器中的应用做文章。随着技术的发展，目前电力电子技术不仅在电路拓扑理论方面有不断的创新，而且也经常会有新器件、新技术和新工艺涌现。到目前为止，各类电力电子器件的品种和规格数以千计，同时新型电路结构和工艺形式也不断涌现。本章将结合应用实例简单介绍现代电力电子技术应用概况。

第一节 概　　述

一、现代电力电子技术的应用概况

现代电力电子技术往往采用全控器件作为开关器件，开关工作频率一般在 200kHz ～ 1MHz 之间。这种技术可使电力电子装置更小、更轻、效率更高。因而具有这些特点的电力电子装置被广泛应用于各种终端设备、通信设备、功率驱动等其他中小功率设备中。同时，随着全控器件功率的提升，采用开关器件的串并方式或多电平电路结构，电力电子技术开拓了高电压、大电流的大功率应用领域，使现代电力电子技术的应用范围扩大到了从发电厂设备至家用电器等所有应用电力电子技术的电气工程领域。除了第一章有关应用的介绍内容外，本节再列举几个现代电力电子技术应用的领域。

1. 电动汽车

电动汽车作为一种节能并且无废气排放的交通工具，迅速成为国内外研究的热点，目前也已经有产品在运行。虽然现在还未达到广泛推广的程度，但发展趋势不可阻挡。以燃料电池或蓄电池提供能源，以永磁无刷电动机为原动机的动力牵引系统是一种比较有前途的方案。显然在电池与永磁无刷电动机之间有一个功率变换使二者匹配的问题，而另一问题就是电动机实现精密调速的问题。这两个问题都属于电力电子的范畴，一个是电源变换，一个是运动控制。可见，现代电力电子技术可在电动汽车领域大展身手。

2. 电能的储存

电能的存储也是非常值得研究的内容，除了传统的蓄电池储能外，目前还有超级电容储能技术和超导电感储能技术。一般来说蓄电池及超级电容储能技术比较容易实现，但作为效率最高的超导电感储能仍有许多问题需要研究解决。在美国弗吉尼亚电力电子中心，目前正在开发超导电感储能系统。随着超导技术的实用化进展，把大量的电能以直流大电流形式存储于超导电感中，晚间储入，白天送出使用，这种方式将优于储能电站的方式。

3. 高速机车

我国铁路机车行速从 120km/h 提升到了 300km/h，采用的是 IGBT 开关器件实现大功率牵引。无论城市内电车采用的直流电动机斩波调速，还是城市间采用的高速交流电动机变频调速，以至于已运行的直线电动机轻轨架空机车和磁悬浮机车，无不采用可调开关电力电子新技术。

4. 小型化开关电源

虽然小型化开关电源技术已有较大突破，有些 DC-DC 模块体积可以做得很小，然而使电源的更小型化仍是人们追求的目标。提高开关频率仍是解决小型化的一个主要办法。例如将工作频率从 20kHz 提高至 1MHz，电源所用 DC-DC 变换器的体积只有原来的 1/7。当然，高频化技术要解决开关损耗和高频变压器损耗等问题。近几年利用谐振变流器研制成的高功率密度的片型开关电源称为卡片型电源，这种电源利用高效率的功率集成电路使其变得越来越薄，越来越轻，在个人计算机和办公自动化设备中将会有很大的市场。

5. 无线电能传输

无线电能传输随着电梯工业、家电及手机等智能电子设备的发展目前又重新引起人们的关注和研发兴趣。无线电能传输可以解决电子电器设备之间的多线连接问题，特别在当前家庭及办公场所智能电子设备越来越多的情况下，解决设备的无线充电、无线供电问题将使家庭及办公环境大为改观，同时对设备的使用也带来方便。无线电能传输主要研究三个问题：一是效率问题，二是传输距离问题，三是辐射问题。如何在一定距离内高效率的进行电能传输是现代电力电子技术要研究的重点问题。

二、电力电子新技术的发展趋势

当前，电力电子技术是朝"四化"的方向发展：应用技术的高频化，硬件结构的模块化，软件控制的数字化，产品性能的绿色化。由此，电力电子新技术产品的技术含量将大大提高。

1. 高频化

电力电子装置，尤其是单纯作为电源的设备，高频化一直是学者和研究人员追求的目标。从理论分析和实践经验都表明，电力电子产品的体积重量随其频率的二次方根成反比地减小。逆变器、整流焊机及通信电源用的开关式整流器，都是基于这一原理的。以同样原理可对传统"整流行业"的电镀、电解、电加工、充电、浮充电、合闸用等各种直流电源类整机加以类似地改造，使之更新换代为"开关类电源"，其主要材料可以节约 90% 甚至更高，同时还可节电 30% 以上。

2. 模块化

从第三章和第五章讲述的三相桥式整流电路和逆变电路中可以发现，这种结构若采用单体元件需要 6 个元件，如果是多电平电路结构，则使用的开关器件更多。很明显这会使装置体积变大，连线变多。所以开关器件的模块化也是器件的发展趋势。目前常见的模块含有两单元、六单元等。包括开关器件和与之反并联的续流二极管，实质上都属于"标准"功率模块（SPM）。近年来，有些公司把开关器件的驱动保护电路也装到功率模块中去，构成了"智能化"功率模块（IPM），这样缩小了整机的体积，方便了整机的设计和制造。实际上，由于频率的不断提高，致使引线寄生电感、寄生电容的影响愈加严重，对器件造成更大的电应力（表现为过电压，过电流毛刺）。为了提高系统的可靠性，有些制造商开发了"用户专用"功率模块（ASPM），它把一台整机的几乎所有硬件都以芯片的形式安装到一个模块中，使元器件间不再有传统的引线相连。这样的模块经过严格合理的热、电、机械方面的设计，达到优化完善的境地。由此可见，模块化的目的不仅在于使用方便，缩小整机体积，更重要的是取消传统连线，减少寄生参数，从而把器件承受的电应力降至最低，提高系统的可靠性。

3. 数字化

在早期电力电子技术中，控制部分是按模拟信号设计和工作的。在20世纪六、七十年代，电力电子装置的控制技术完全是建立在模拟电路基础之上的。而如今，数字信号处理技术日臻完善成熟，显示出越来越多的优点：便于计算机处理和控制，避免模拟信号的传递畸变失真，减少杂散信号的干扰，便于软件包调试和遥感、遥测、遥调，也便于自诊断、容错等技术的植入。当然，模拟技术在一些场合还是有用的，电磁兼容（EMI）问题以及功率因数修正等问题的解决，都离不开模拟技术的支持。尤其在功能简单的场合，从降低成本、制作生产方便的角度考虑，基于模拟技术的控制集成电路芯片仍在大量使用。

4. 绿色化

绿色照明、绿色电器有两层含义：首先是显著节电，这意味着发电容量的节约，而发电是造成环境污染的重要原因，所以节电就可以减少对环境的污染；此外，这些电器还应满足不对或少对电网产生污染的要求，电工委员会（IEC）对此制订了一系列标准，如IEC555，IEC917，IEC1000等。事实上，许多电力电子设备，往往会变成对电网的污染源，所以必须对此加以治理。目前出现多种修正功率因数的方法及有源滤波器和有源补偿器的方案，这些技术的应用大大降低了电力电子产品的电磁污染，其技术也仍处于不断发展的过程中。

综上所述，电力电子技术是一门不断发展的学科，其驱动力来自于广泛的应用需求。可以预料，电力电子新技术还会开拓更多新的应用领域。

第二节 软开关技术

软开关技术是近二十年来发展起来的技术，它并不是针对具有某种特定功能的电力电子装置而出现的，而是为了解决几乎所有电力电子装置的共性问题——开关器件的开关损耗过大而发展起来的一种电能处理技术。电力电子电路对于电能的处理有两种不同的方式：一种是PWM硬性开关电路；另一种是近二十年兴起的谐振软性开关电路。谐振软性开关电路是零电压、零电流开关（简称双零开关）与谐振电路相结合的产物。所谓的软开关过程是通过电感L和电容C的谐振，使开关器件中电流（或两端电压）按正弦规律变化，当电流自然过零时使器件关断或当电压下降到零时使器件导通，开关器件在零电压或零电流条件下完成导通与关断的过程。正因为开关器件的开关损耗过大是个共性问题，因此，本节将介绍软开关技术的原理和实现方法，以此帮助读者熟悉相关电路。

一、PWM硬性开关电路的缺陷

在PWM控制模式电路中，电力电子开关器件往往在高电压下开通，大电流时关断，处于强迫开关过程，因此称为硬性开关。这种电路结构简单，输出波形良好，目前已广泛应用于电子设备和开关电源产品中。但是在追求高频化的今天，如果开关器件的开关频率较高，则会产生如下问题：

1. 热学限制问题

正如第二章第一节所述及的电力电子器件不仅存在通态、断态这两种稳态损耗，还存在工作状态变态时的暂态开关损耗，即开通损耗和关断损耗。问题是暂态开关损耗在高频状态下有可能高于稳态损耗，变成损耗的主要部分而成为器件发热的罪魁祸首。器件的总体损耗见图 7-1。

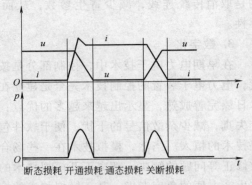

从图中可见，在器件的输出电极带有感性负载或容性负载时，开关器件在关断或开通的过程中会承受较大的瞬时功耗，其主要原因在于：开通时器件电流的上升与端电压的下降同时进行，关断时电流的下降和电压的上升也同时进行。这里器件的开通和关断损耗分别可近

断态损耗 开通损耗 通态损耗 关断损耗

图 7-1 硬开关技术的器件总体损耗

似为 $P_{on} = 1/2 f_{sw} U I t_{on}$，$P_{off} = 1/2 f_{sw} U I t_{off}$。实际上即使不存在电路中的感性或容性负载，但由于开关器件存在引脚电感和极间分布电容，也会导致开关损耗，只是比较小而已。如果考虑电路引线电感或器件极间元件电容的影响，有时也不能忽略损耗。由于过大的开关损耗使结温上升而超过器件结温的限制，在散热条件不足的情况下就会损坏器件，所以开关频率受到热学限制。

2. 二次击穿限制

二次击穿限制是 GTR 器件固有的问题。在开关过程中，GTR 的开关轨迹如图 7-2 所示。由图可知，GTR承受的电流、电压会出现同时为最大值的时候，此时的电流和电压已远远超出所允许的直流安全工作区。这一状态停留时间稍长即会因二次击穿（见图 2-14）而使 GTR 烧坏。为了扩大安全区，设计 GTR 时必须使开关速度、电流增益、饱和压降以及电压等级等参数值有所降低，这也导致 GTR 的设计难以最佳化。

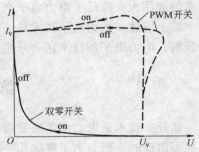

图 7-2 GTR 的开关轨迹

3. 电磁干扰限制

在高频状态下运行时，开关器件本身的极间电容成为极重要的参数，尤其对 MOSFET来说，由于采用门极绝缘栅结构，它的极间电容（见图 2-33）较大，因此引起的能量损耗以及密勒效应更为严重。图 7-3 所示为 MOSFET 极间电容的等效电路图。若栅压在 U_{G1} 和 $-U_{G2}$ 之间切换，漏极电压在 V_D 和零之间转换，栅漏电容上的电压变化则为 $U_D + U_{G2} - U_{G1}$，栅源电容的电压变化则为 $U_{G1} + U_{G2}$。这种现象会产生两种不利因素；一是在高电压下开通时，电容储能被器件本身吸收和耗散，温升增加；二是极间电容电压转换时的 dU/dt 会耦合到输入端产生电磁干扰（EMI），使系统不稳定。当开关频率比较高时，这两种现象更为严重。此外极间电容与电路中的杂散电感形成振荡也会干扰正常工作。

4. 缓冲电路的限制

在 PWM 硬性开关应用中，常常加入串联及并联缓冲电路，它可限制开通时的 di/dt、关断时的 dU/dt，使动态开关轨迹缩小至直流安全区之内，以保证 GTR 安全运行。但是，这种方法会使开关器件的开关损耗转移至缓冲电路之中，最终还是白白被消耗，系统总的功耗不会减小。较高的工作频率、较大容量的开关器件会出现较大的内部功率损耗，这种做法使

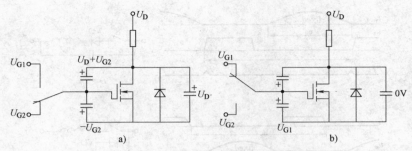

图 7-3　MOSFET 极间电容示意图

系统的效率难以提高，因此工作频率也难以提高。由此可见，PWM 硬性开关电路在高频下运行的局限性很大。

二、软开关技术

软开关技术的总体思想是解决硬开关在开通和关断过程中电压及电流变化有重叠区的问题，这可用图 7-4 加以说明。

从技术上入手，实际上就是要实现零电压时开关开通，零电流时开关关断，这样就可使电压和电流在开通和关断过程中不存在重叠区，

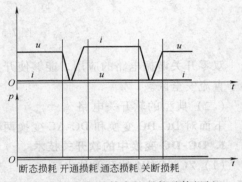

图 7-4　软开关技术的器件总体损耗

从而使开通、关断损耗达到最小。当然也有零电流导通、零电压关断的模式，但不管何种模式，其目的仍然是使电压和电流在开通和关断过程中不存在重叠区。目前软开关拓扑结构很多，每种结构都对应于一定的电路对象，并且也不一定能同时实现零电压开通、零电流关断的理想状态。本节仅简单介绍几个典型电路，读者若有深入了解的需要则可参阅其他文献资料。

（一）谐振型软开关基本结构

谐振开关结构是软开关技术的基本结构之一，其核心问题就是使得器件在零电压或零电流条件下进行状态转变，从而把器件的开关损耗降到最低水平。这种结构有多种形式，可应用于多种变换器中。

双零谐振开关是由一个开关器件 S 及辅助谐振元件 L、C 及二极管组成的电路结构，如图 7-5 所示。图 7-5a 为零电流开关（Zero Current Switching, ZCS），零电流开关也称作电流型开关。为实现零电流开关条件，电感 L 与开关 S 是串联的，L 和 C 之间的谐振是靠 S 的开通来激励的，其目的在于利用辅助的 LC 谐振元件形成开关器件导通期间内的电流波形，为将要关断的开关创造零电流条件。这种结构参数选择得当就可以实现零电流导通和零电流关断的双零效果。图 7-5b 为零电压开关（Zero Voltage Switching, ZVS），零电压开关也称作电压型开关。为实现零电压开关条件，电容 C 与开关 S 是并联的，L 和 C 之间的谐振是靠 S 的关断来激励的，其目的在于利用辅助的 LC 谐振元件形成开关器件关断期间内的电压波形，为将要开通的开关创造零电压条件。同理，此类结构可以实现零电压导通和零电压关断的双零作用。

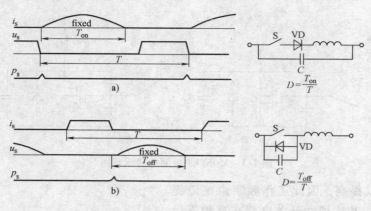

图 7-5　双零谐振开关

双零开关谐振电路的应用，能够使开关器件的动态开关轨迹大为改变，它的动态轨迹远小于直流安全区。

（二）典型的软开关电路

下面对 DC-DC 变换和 DC-AC 变换两种典型的软开关技术进行详细的分析。

1. DC-DC 变换中的软开关技术

（1）ZCS-PWM 软开关技术

图 7-6 所示为 Buck 型 ZCS-PWM 变换器，其中 V_1 为主开关，V_2 为辅助开关，VD_{V1} 与 VD_{V2} 分别为与主开关与辅助开关反并联的场效应晶体管的体内二极管，L_r 与 C_r 分别为谐振电感与谐振电容。图 7-7 所示为该变换器在一个 PWM 周期内的工作波形，下面分六个阶段分析其在一个周期内的工作过程。假设输出滤波电感 L_f 足够大，可用一个数值为 $I_0 = U_0/R_L$ 的电流源来代替。为简化分析过程，电路参数的变化按阶段分别描述，并为每一个阶段的起始时刻都定义为该阶段的零时刻。

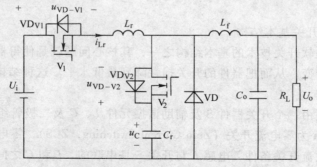

图 7-6　Buck 型 ZCP-PWM 变换器

第一阶段：$t_0 < t < t_1$，谐振电感电流上升阶段（V_1 零电流开启）

在上一周期的结束时刻，主开关与辅助开关均处于关断状态，由续流二极管 VD 续流，谐振电感上 L_r 中的电流为零。在 t_0 时刻开启主开关 V_1，由于 L_r 中的电流不能突变，而且在开启瞬间，VD 处于续流状态，可认为输入电压完全施加在 L_r 两端，则 t_1 时刻实现了零电流开启。本阶段等效电路如图 7-8a 所示。$i_{Lr} = \dfrac{U_i t}{L_r}$ 线性上升，直到 t_1 时刻 $i_{Lr} = I_0$，VD 关

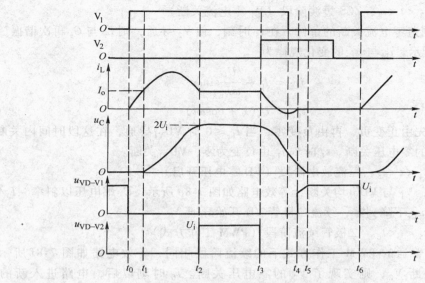

图 7-7　Buck 型 ZCS-PWM 变换器工作波形

断，V_1 与 VD 实现换流。

第二阶段：$t_1 < t < t_2$，准谐振阶段（VD 零电压关断）

在 t_1 时刻，VD 关断，使 VD_{V2} 与 C_r 支路开始导通，等效电路如图 7-8b 所示。L_r 与 C_r 谐振，i_{Lr} 与 u_{Cr} 的变化规律为

$$i_{Lr} = I_0 + \frac{U_i}{\omega L_r}\sin\omega t, u_{Cr} = U_i(1 - \cos\omega t)$$

其中，$\omega = 1/\sqrt{L_r C_r}$。在 t_2 时刻，$u_{Cr} = 2U_i$，VD_{V1}、C_r 支路电流下降为零，使 VD_{V1} 关断。从 t_1 到 t_2，L_r 与 C_r 恰好谐振半个周期。由于 VD_{V2} 和 C 的存在，在 VD 关断时，其端电压是逐渐升高的，所以 VD 为零电压关断。

第三阶段：$t_2 < t < t_3$，恒流阶段（PWM 工作方式）

VD_{V2} 关断以后，VD_{V1}、C_r 支路断开，电路进入 PWM 工作方式，$i_{Lr} = I_0$，等效电路如图 7-8c 所示。

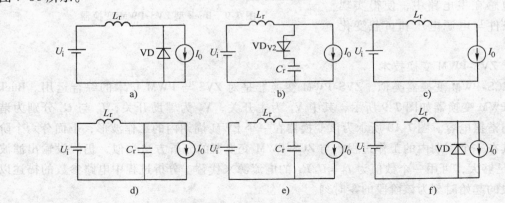

图 7-8　Buck 型 ZCS-PWM 变换器六个阶段等效电路

a)第一阶段　b)第二阶段　c)第三阶段　d)第四阶段　e)第五阶段　f)第六阶段

第四阶段：$t_3 < t < t_4$，ZCS 过渡阶段（V_1 零电流关断）

为了给 V_1 创造零电流关断的条件，在 t_3 时刻，使 V_2 导通，则 L_r 与 C_r 再次谐振，等效电路如图 7-8d 所示。i_{Lr} 与 u_{Cr} 的变化规律为

$$i_{Lr} = I_0 - \frac{U_i}{\omega L_r}\sin\omega t \tag{7-1}$$

$$u_{Cr} = U_i(1 + \cos\omega t) \tag{7-2}$$

在这一阶段，i_{Lr} 先由正变负，再由负变零，当 $i_{Lr} \leqslant 0$ 时 VD_{V1} 导通，在这段时间内关断 V_1，则实现了主开关的零电压关断。t_4 时刻 i_{Lr} 由负变为零，VD_{V1} 关断。

第五阶段：$t_4 < t < t_5$，恒流放电阶段（VD 零电压开启）

t_4 时刻以后，V_1 与 VD_{V1} 均关断，等效电路如图 7-8e 所示，C_r 端电压以斜率 $-I_0/C_r$ 下降，到 t_5 时刻，u_{Cr} 下降到零，续流二极管 VD 开始导通。

第六阶段：$t_5 < t < t_6$，二极管续流阶段（PWM 工作方式）

这一阶段与普通的 PWM 工作方式下的续流阶段相同，等效电路如图 7-8f 所示。在这一时间段内关断 V_2，则实现了 V_2 的零电压关断。t_6 时刻以后，电路进入新的工作周期。

可见，采用 ZCS-PWM 变换技术的 Buck 变换器在一个周期内将有一段时间工作在 ZCS 准谐振状态，而大部分时间仍工作在 PWM 状态。谐振频率由 L_r 与 C_r 决定，通过选择合适的 L_r 与 C_r，可以使主开关 V_1 实现较高频率的零电流开通与关断。此外，在 $t_3 \sim t_4$ 阶段使 i_{Lr} 下降到负值是实现主开关零电流关断的必要条件，根据式（7-1）可以得出结论：必须保证 $I_0 < U_i/\omega L_r$，否则将无法保证开关的零电流关断。

Buck 型 ZCS-PWM 电路的最大优点是实现了恒频控制的 ZCS 工作方式，且主开关与辅助开关上的电压应力小，在一个周期内承受的最大电压为电源电压（见图 7-8）；但续流二极管承受的电压应力较大，最大时为电源电压的两倍；而且由于谐振电感在主电路中，使得实现 ZCS 的条件与电源电压和负载变化有关。

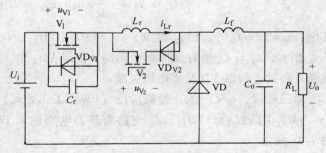

图 7-9　Buck 型 ZVS-PWM 变换器

（2）ZVS-PWM 变换技术

与 ZCS-PWM 变换器类似，ZVS-PWM 变换器是对 ZVS 与 PWM 技术的综合运用。Buck 型 ZVS-PWM 变换器如图 7-9 所示，其中 V_1 为主开关，V_2 为辅助开关，L_r 与 C_r 分别为谐振电感与谐振电容。图 7-10 所示为该变换器在一个 PWM 周期内的工作波形，下面分六个阶段分析其在一个周期内的工作过程。与 ZCS-PWM 变换器的分析方法类似，仍假设输出滤波电感 L_r 足够大，可用一个数值为 $I_0 = U/R_L$ 的电流源来代替。分析过程中电路参数的描述以每一阶段的起始时刻为该阶段的零时刻。

第一阶段：$t_0 < t < t_1$，恒流充电阶段

上一周期结束时，主开关 V_1 与辅助开关 V_2 均处于导通状态，续流二极管 VD 截止，谐

振电容 C_r 电压为零,谐振电感 L_r 电流 $i_{Lr} = I_0$。在 t_0 时刻关断主开关 V_1,则谐振电容 C_r 以恒流充电,u_{V1} 线性上升,等效电路如图 7-11a 所示。直到 t_1 时刻,u_{V1} 线性上升到 U_i,续流二极管 VD 导通,本阶段结束。

第二阶段:$t_1 < t < t_2$,续流阶段

VD 导通以后,输出电流由 VD 续流,与 Buck 型 PWM 变换器的续流阶段相当。电感 L_r 的电流保持为 I_0,通过辅助开关 V_2 续流,等效电路如图 7-11b 所示。

第三阶段:$t_2 < t < t_3$,准谐振阶段

t_2 时刻令辅助开关 V_2 断开,则 L_r 与 C_r 将产生谐振作用,i_{Lr} 与 u_{V1} 的变化规律为

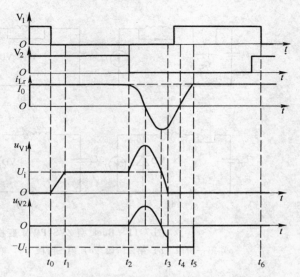

图 7-10　Buck 型 ZVS-PWM 变换器工作波形

$$i_{Lr} = I_0 \cos\omega t, u_{V1} = U_i + \frac{I_0}{C_r\omega}\sin\omega t$$

式中,$\omega = 1/\sqrt{L_r C_r}$。$L_r$ 的电流首先谐振下降,C_r 电压则谐振上升。$\omega t \geqslant \pi/2$ 以后,u_{Cr} 从峰值开始下降,C_r 释放能量,L_r 电流则反向增长,等效电路如图 7-10c 所示。直到 t_3 时刻 $u_{V1} = 0$,VD_{V1} 导通,u_{V1} 被钳位,谐振停止。$u_{V1} = 0$ 为 V_1 的 ZVS 导通创造了条件。

第四阶段:$t_3 < t < t_4$,电感电流线性上升阶段

t_3 时刻 VD_{V1} 导通以后,L_r 在输入电压 U_i 的作用下线性上升,直到 $i_{Lr} = 0$,VD_{V1} 截止,本阶段结束,等效电路如图 7-11d 所示。在这一阶段内使 V_1 导通,则 V_1 实现了 ZVS 开启。

第五阶段:$t_4 < t < t_5$,V_1 与 VD 换流阶段

t_4 时刻以后 VD_{V1} 关断,V_1 导通,L_r 中的电流开始从零开始线性上升,使 VD 中的电流线性下降,等效电路如图 7-11e 所示。直到 t_5 时刻,VD 中的电流下降到零,自然关断,续流过程结束,此时 $i_{Lr}(t_5) = I_0$。

第六阶段:$t_5 < t < t_6$,恒流阶段

t_5 时刻以后 VD 关断,电路进入 Buck 型 PWM 变换器的开关管导通工作状态。可在这一阶段内使 V_2 导通。由于 L_r 电流持续为 I_0,V_2 也实现了 ZVS 导通,等效电路如图 7-11f 所示。直到 t_6 时刻 V_1 关断,电路进入下一个工作周期。

ZVS-PWM 变换器可以实现恒频控制的 ZVS,而且电流应力小,但电压应力较大。由于电感串联在主回路中,实现 ZVS 的条件与电源电压及负载的变化有关。

(3) 相移脉宽调制零电压谐振变换器及软开关电路

谐振型开关电路工作时,开关器件在零电流或零电压时转换,大大减小了导通和关断过程中的开关损耗。现已研制成兆赫级的电源产品,但是在提高工作效率方面也遇到了新的问题。

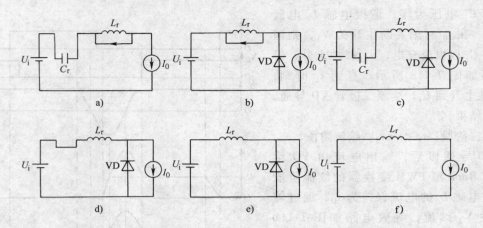

图 7-11　Buck 型 ZVS-PWM 变换器六个阶段等效电路

a) 第一阶段　b) 第二阶段　c) 第三阶段　d) 第四阶段　e) 第五阶段　f) 第六阶段

容易看出，与相同幅度的方波相比，正弦波所含的能量不如方波多，对于功率量级相同的电源而言，正弦波的峰值电流高于方波 PWM 工作时的电流，所以尽管正弦波谐振型变换比方波 PWM 变换降低了开关转换损耗，但是由正弦波高的峰值电流引起的正向导通损耗，在一定程度上抵消了其优点。此外，谐振型变换常常用 PFM 制式，即用改变开关频率来进行控制，这使得电源的输入滤波器、输出滤波器的设计复杂化，并影响系统的噪声。

人们希望将两种拓扑的优点组合在一起。首先利用脉宽调制提供方波电压、电流，对于同样的电流而言，它比正弦波传输更多的功率，并保持低的正向导通损耗；其次，谐振开关意味着开关转换损耗的降低，利用零电压谐振技术，在开关管上电压到达零以后再行转换；然后再改变两组方波之间的相移进行控制，电路工作在恒定的开关频率上。所以采用全桥变换器很容易实现相移零电压谐振技术。

1）相移零电压谐振的工作原理　图 7-12a 所示为基本的相移全桥变换器电路。在形式上，它与常规的 PWM 全桥变换器电路相同，但是，开关管的驱动和工作方法是完全不同的。PWM 变换采用两个对角开关同时驱动导通，将输入电压交错加到变压器一次侧，并用改变占空比（即导通时间）的方法来实施调

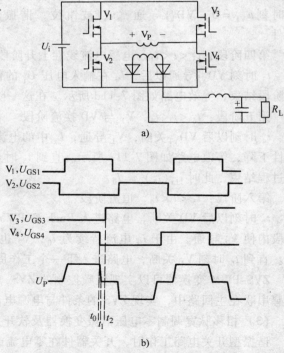

图 7-12　相移 PWM 全桥变换器电路及其波形

a) 电路　b) 波形

整；而相移 PWM 电路中，4 个开关管连续工作在略小于 50% 的固定占空比上，然后控制左右两个半桥支路之间的相位关系，通过改变输出脉冲的宽度进行调整，当对角开关同时导通时才输出功率。

从图 7-12b 所示的波形中可以看出，桥路上的开关总是每个半桥支路（左支路或右支路）上的两个开关以略小于 50% 的占空比交错导通，当对角开关（V_1、V_4 或 V_2、V_3）同时导通时，电流流过变压器一次侧，并将功率传输到变压器二次侧。当接于电源正端的上部开关（V_1、V_3）或负端的下部开关（V_2、V_4）同时导通时，变压器实质上被短路，并钳位于相应的输入电源母线端。由变压器漏感维持电流，创造实现谐振转换的条件。

实际上，每个半桥支路上开关管（左支路 V_1、V_2 或右支路 V_3、V_4）的工作占空比略小于 50%，存在一定的死区时间，这里称之为延迟时间。设置延迟时间一是防止桥路连通，二是提供实施谐振机理的重要时间。图 7-13 中的开关是由理想的 MOSFET 管、寄生结电容、本体二极管组成，相移谐振是利用 MOSFET 开关内部的结电容（输出电容 C_{OSS}）和内部的本体二极管为基本元件来进行工作。

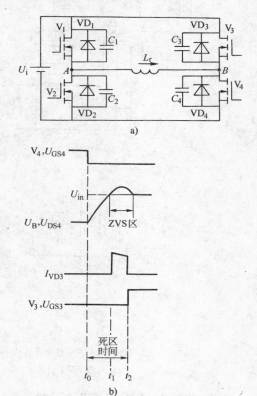

图 7-13　在右支路开关转换期间实现无损耗开关的谐振机理
a）电路　b）波形

在时间 t_0 以前，假定开关 V_1、V_4 导通，变压器一次电流 I_p 将功率传递到负载。在 t_0 时刻，V_4 关断，由于输出电感的反射作用，I_p 继续流动，V_4 管已关断，I_p 流入 V_4、V_3 管的结电容，使 C_4 的上电荷增加、C_3 的上电荷减小，此时节点 B 的电压谐振上升，直到 t_1 时刻，V_3 管的本体二极管 VD_3 正向偏置，VD_3 导通并钳位，直到 V_3 导通。这样，实现了 V_3 的零电压导通。t_2 时刻为 V_4、V_3 之间转换右支路的死区时间的结束。此时，电流继续流过 V_1、V_3，但没有电压加到变压器一次绕组。

然后 V_1 关断，在桥路的左支路死区时间，节点 A 的电压谐振下降，直到 V_2 的二极管呈正向偏置。这样，V_2 也能在零电压下实现无损耗导通转换过程。其作用机理与右支路相类似，但是二者存在一个重要的区别：在右支路 V_4、V_3 转换前，变压器中流动着负载电流，输出滤波电感折合到一次侧，该电流使节点 B 的电压迅速升高；然而，在左支路 V_1、V_2 转换时，只有变压器的励磁电流和漏感起作用，因此，左支路比右支路转换需要较长的死区时间。

还应指出，相移零电压谐振与前面所述的零电压开关谐振转换有所不同，它不是在零电压到达瞬间立即转换开关导通，而是在功率变换的周期中引入死区时间，起初维持开关关断，由谐振槽路零电压钳位，然后再转换开关导通。

2）相移脉宽调制变换器的工作状态　相移脉宽调制变换器在实际应用中，为了准确控制零电压开关的范围，仅用变压器的漏感值 L_L 是很难控制的，用外接串联电感 L_C 能有效地改变谐振电感值：$L_r = L_L + L_C$。图 7-14 所示为实用的相移脉宽调制零电压开关变换器波形以及变压器的等效模型，它包括漏感 L_L、励磁电感 L_M 和一次电流共三个部分。一次电流又包含两个分量：一次侧直流电流（为二次侧直流电流除以变压器电压比 $n = N_1/N_2 = U_1/U_2 = I_2/I_1$）和交流电流（为二次侧交流纹波电流除以匝比 n，即 I_{2n}/n，输出滤波电感 L_0 折合到一次侧为 $L'_0 = n^2 L_0$）。

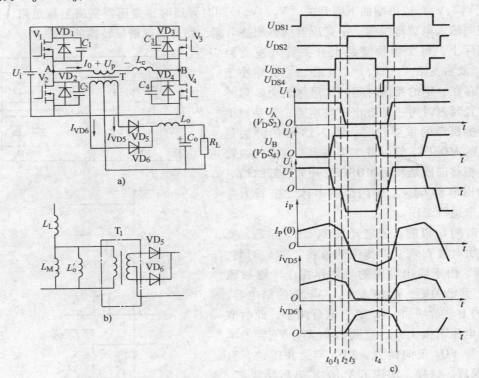

图 7-14　相移 PWM 变换器、波形以及变压器的等效模型

a) 相移 PWM 变换器　b) 变压器的等效电路　c) 变换器波形

　　我们将工作过程分以下几个阶段：

　　第一阶段：$t = t_0$，初始状态

　　初始状态为功率传输周期的末端，变换器中两个对角开关 V_1、V_4 导通时，经变压器将功率传输到负载，流过变压器一次侧的初始电流为 I_p（0）。

　　第二阶段：$t_0 < t < t_1$，右支路谐振转换

　　右支路亦称滞后支路，在时间 t_0 前，流过的一次电流为 I_p（0），桥路左上方的 V_1 和右下方的 V_4 导通，在 t_0 时刻控制电路关断 V_4，开始变换器右支路的谐振转换。由于一次侧电路谐振电感的作用，一次电流基本上接近 I_p（0）。随着 V_4 关断，一次电流经 V_4 的输出电容 C_{OSS} 提供电流通路，给 V_4 的结电容充电，电压 V_{DS3} 从零上升到 U_i（＋）。同时，变压器的寄生电容和 V_3 的输出电容放电，直到 V_3 功率场效应晶体管的漏源向电压接近为零，这就为 V_3 的导通提供了无损耗零电压导通的转换条件。

　　在右支路转换期间，变压器一次电压 U_p 从 U_i 降低到零，当一次电压低于 nU_0 时，一次

侧不再供给全部的二次侧功率，而由输出滤波电感中储存的能量补充功率，直到一次电压降到零，完成了右支路转换，也就没有功率传输到负载。

第三阶段：$t_1 < t < t_2$，钳位续流阶段

一旦完成右支路转换，一次电流经位于电源正端上面的二极管，如 V_3 的本体二极管，完成续流，电流基本维持不变，直到下一次转换发生。假如在这期间 V_3 导通，其导通阻抗与其本体二极管并联，降低了导通损耗，虽然电流的流向与常规的流向相反，但 V_3 导通，并与其本体二极管分流。

第四阶段：$t_2 < t < t_3$，左支路转换阶段

左支路亦称导前支路，在 t_2 时刻，流过变压器的一次电流略低于 I_p (0)，这是由于电路总是略有损耗的缘故。V_3 已经导通，现在 V_1 关断，一次电流仍将继续流动，原先流往 V_1 的电流由其输出电容 C_{oss} 代替，V_1 的漏源间电压由零逐渐增加到 U_i，而 V_2 的漏源电压即 U_A 由 U_i 减低到零。一次电流继续流动，V_2 本体二极管导通并钳位，V_2 仍关断。这种开关零电压钳位使得固定频率、零电压开关工作得以实现。否则，一旦到达零电压，就立即导通 V_2，则会引起频率可变。

这里应该注意，左支路转换比右支路转换需要较长的时间，由于 t_2 时刻的一次电流比 t_0 时刻的一次电流要小。

第五阶段：$t_3 < t < t_4$，功率传输阶段

该期间与常规的 PWM 变换器工作相似，t_3 时刻，V_2 导通，在零电压下，两个对角的开关 V_2、V_3 导通，电压加到变压器一次侧，电流上升的速率与电源电压 U_i、一次侧电感有关，电流从负值开始增加到 I_0/n。开关的导通时间与输入电压 U_i、输出电压 U_o、变压器匝比有关。

第六阶段：$t = t_4$，开关关断

当右上角的 V_3 在 t_4 时刻关断时，结束了半个开关周期，这时 V_3 半导体开关中的电流停止流动，但是电流继续流过 V_3 的输出电容 C_{oss}，V_3 的漏源极间电压从零增加到 U_i。同时，右支路的下部开关 V_4 的输出电容放电，其漏源极间电压从 U_i 降低到零，V_4 处于零电压开关的等待状态，继续下半个开关周期。

2. DC-AC 逆变器中的软开关技术

在 DC-AC 逆变器，尤其是多相逆变器中，软开关技术的应用却遇到了很大的困难。通常，逆变器中存在着多个开关，若每个开关都采用类似于 DC-DC 变换器中的软开关工作方式，则构成软开关的谐振元件将相互影响，使电路难以正常工作。1986 年美国威斯康星大学的 D. M. Divan 提出了谐振直流环逆变器（Resonant DC Link Invener, RDCLI）和谐振极逆变器（Resonant Pole Inverter, RPI），才较好地解决了这个问题。后来还出现了许多改进电路和新的拓扑结构。

直流谐振环节逆变器是在原先的 PWM 电压型逆变器与直流电源之间加入一个辅助谐振电路，令 DC 谐振环节产生谐振，且使逆变桥直流母线上的电压周期回零，为逆变器中的开关创造了零电压开关的条件。谐振直流环节逆变器的最大进步，在于用高频脉冲序列为逆变器供电，替代原来的恒压供电方式。

谐振极逆变器是把辅助谐振回路移到桥臂的上下开关连接点（即极点），利用谐振为逆变器创造零电压开关条件。

　　由于谐振直流环节的控制与输出电流相关，所以必须采用电流闭环控制，这意味着谐振直流环节与逆变器之间存在着某种耦合关系。这种耦合关系给谐振直流环节的控制带来了困难。尤其是接多重负载时，多重负载与直流谐振环节之间的复杂耦合关系，使系统的控制变得相当复杂，一旦控制失败就会造成系统故障。为了解决这个问题，提出了组合型逆变器。组合型逆变器的基本思路是把谐振直流环节设计成一个相对独立的子电路，这个子电路输出电压为零的时间起点、宽度甚至幅值均可控制。因此，组合型逆变器可实现谐振直流环节与逆变器独立控制，提高了系统的可靠性。

　　（1）谐振直流环节逆变器（RDCLI）的工作原理

　　基本谐振直流环节逆变器（RDCLI）的拓扑结构及工作波形如图 7-15 所示。设图中逆变器用恒流源 I_0 代表；L、C、VD 与 V 均为理想元件，各阶段电路参数的分析以每一阶段的起始时刻为初始零时刻，其工作过程如下：

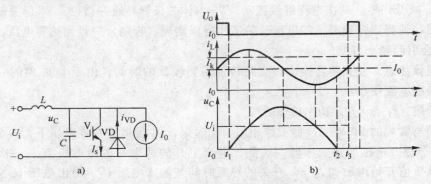

图 7-15　RDCLI 的拓扑结构及工作波形

a）拓扑结构　　b）工作波形

　　第一阶段：$t_0 < t < t_1$，电流上升阶段

　　电感电流和电容端电压分别用 i_L 和 u_C 表示，U_i 表示输入电压。初态为 $i_L = I_0$，$u_C = 0$，VD 和 V 均为关断状态。当 $t = t_0$ 时，令 V 导通，则有如下公式：

$$u_C = 0, i_L(t) = I_0 + \frac{U_i}{L}t \tag{7-3}$$

因此，在此阶段电容电压为零，电感电流线性上升。

　　第二阶段：$t_1 < t < t_2$，准谐振阶段

　　当 $t = t_1$ 时，令 V 关断，L 和 C 开始谐振，$i_L(t_1) = I_0 + I_k$，I_k 为电感电流增量。电容电压和电感电流的变化规律如下：

$$u_C(t) = U_i + U_M \sin(\omega t - \varphi)$$

$$i_L(t) = I_0 + \frac{U_M}{\omega L} \cos(\omega t - \varphi) \tag{7-4}$$

式中，$\quad U_M = \sqrt{(\omega L I_k)^2 + U_i^2}, \varphi = \arctan\left(\frac{U_i}{\omega L I_k}\right), \omega = \frac{1}{\sqrt{LC}} = 2\pi f \tag{7-5}$

　　由上式可知，当 $t = t_2$，$u_C(t_2) = 0$ 时，$i_L(t_2) = I_2 \leqslant I_0$，二极管 VD 即将导通；当 $\omega t - \varphi = \pi/2$ 时，$u_{C\max} = U_i + U_M \geqslant 2U_i$，所以，V 承受的最大电压应力大于电源电压的两倍。

　　第三阶段：$t_2 < t < t_3$，谐振直流环节零电压阶段（VD 导通阶段，为逆变器主开关创造

零电压换流的条件；其中 t_3 表示下一个周期的起始点）

当 $t = t_2$ 时，二极管 VD 导通，谐振停止，电感上的电流线性上升，即 u_C 恒为 0，i_L $(t) = I_2 + \dfrac{U_i t}{L}$，$t \in [t_2, t_3]$；当 $t = t_3$ 时，$i_L (t_3) = I_2 + U_i (t_3 - t_2) / L = I_0$。在此阶段，因为 $i_L \leq I_0$，所以 VD 处于续流状态。故在此阶段，电容上的电压为零，电感上的电流线性上升。

由上述分析可知，在 $t_0 \sim t_1$ 和 $t_2 \sim t_3$ 阶段，u_C 恒为 0。因此，负载（逆变器）零电压换流的原理是在 V 导通及 VD 续流期间，令逆变器进行臂间换流，从而保证了逆变器中的各功率开关管是在零电压条件下换流的，实现了 ZVS 开启与关断。

由上述分析还能得到如下结论：

1）由式（7-4）可知，V 和逆变器中的开关管都要承受大于 $2U_i$ 的电压应力。在实际应用中，由于 L、C、V 都有损耗，若考虑这些损耗，则 $u_{Cmax} = (2.0 \sim 2.5) U_i$。

2）由于谐振电感 L 处于主功率通道中，流过的电流较大，所以 L 上的损耗较大。

3）通常这种电路均采用 DPM（Discrete Pulse Modulation）方式，其频率特性远比 PWM 方式差。引起功率开关的电压应力大和 L 上的损耗大的主要原因是谐振，但是谐振是实现软开关的必要条件，可采用以下改进方法：

1）附加钳位电路来限制电压应力。

2）改进电路的拓扑结构，将 L 从主功率通道移出，但又要保持谐振，同时采用钳位技术使得 $u_{Cmax} \leq U_i$。

（2）RDCLI 谐振电路设计

步骤 1　计算最佳特征阻抗　记谐振电路的特征阻抗为 Z_0，则

$$Z_0 = \omega L = \sqrt{\frac{L}{C}} \tag{7-6}$$

由式（7-6）可知，$i_L (t)$ 的最大值与 Z_0 有直接关系。Z_0 增大，$i_L (t)$ 的最大值减小。另一方面，电感中等效电阻 R 只是引起谐振电路功耗的主要原因之一。若以电感损耗最小为约束条件，可得到电感损耗最小时所对应的最大特征阻抗 Z_{0max}

$$Z_{0max} = \sqrt{\frac{L}{C}} = \sqrt{\frac{3K_p}{2} \frac{U_i}{I_0}} \tag{7-7}$$

式中，K_p 是包括趋肤和邻近效应在内的损耗系数，流过电感的平均直流电流等于输出电流 I_0。就功率而言，Z_0 应取其最大值，但是由式（7-5）可知，Z_0 过大会使母线电压升得过高，增加了开关的电压应力，所以应合理选择 Z_0。

步骤 2　LC 的设计公式　电感上的电流变化率为

$$\frac{\mathrm{d}i_L}{\mathrm{d}t} = \frac{U_i}{L}$$

由于 V 的最大导通时间（$\Delta T_{01} = t_1 - t_0$）受谐振周期限制，谐振周期 $T = 2\pi / \omega$，通常 ΔT_{01} 与周期 T 应满足下面关系式：

$$\Delta T_{01} \leq \frac{T}{10} = \frac{1}{10f} \tag{7-8}$$

在 $[t_0, t_1]$ 期间，电感电流的增量 I_k 应满足下式：

$$I_k \leqslant \frac{di_L}{dt}\Delta T_{01} = \frac{U_i}{10fL} \tag{7-9}$$

则有 L 的设计公式

$$L \leqslant \frac{U_i}{10fI_k} \tag{7-10}$$

C 的设计公式

$$C = \frac{1}{4\pi^2 Lf} \tag{7-11}$$

谐振回路的损耗系数 K_p 的计算公式

$$K_p = \frac{I_0^2}{15fI_k U_i C} \tag{7-12}$$

由上面的设计公式可得 Z_0、L 与 C 的设计值。

（3）RDCLI 零电压时间计算

在谐振回路等效电阻为零的理想条件下，电容 C 上的电压周期性过零，为逆变器创造零电压开关条件。但是 u_C 为零的时间很短，很难满足逆变器换流期间母线电压恒为零的要求，另外实际电路中总有一定的电阻 R，这个电阻使得 u_C 不能谐振到零。为保证 $u_C = 0$，并保证一段时间，必须在 LC 谐振之前先使电感 L 储存一定的能量，以补偿谐振期间电阻上的能量损耗。根据前面的分析，$[t_0, t_1]$ 期间就能给电感 L 预充电，使得在电感谐振前 i_L 的初值达到 $I_0 + I_k$，所以 $I_0 + I_k$ 的大小与 u_C 等于零的时间长短有着密切的关系。

假定谐振回路的等效电阻为 R，重新分析谐振直流环节电压为零的阶段

$$U_i = Ri_L(t) + \frac{Ldi_L(t)}{dt} \tag{7-13}$$

$$i_L(t) = I_k + i_{VD}(t) \tag{7-14}$$

式中，i_{VD} 是续流二极管 VD 上的电流，由式（7-4）求初值 $i_L(0) = I_0 - I_k$。由式（7-13）、式（7-14）可得

$$i_{VD}(t) = \frac{U_i}{R} - \left(\frac{U_i}{R} + I_k\right)e^{-Rt/L}, t \in [t_2, t_3]$$

在 $i_{VD}(t) = 0$ 后，VD 续流结束，由上式可近似求出 VD 导通的时间 τ 为

$$\tau = \frac{LI_k}{U_i} \tag{7-15}$$

由图 7-15b 可知，VD 续流结束以后，V 再次导通，电感上的电流再次由 I_0 上升到 $I_0 + I_k$。在 VD 续流结束和 V 导通期间，母线电压均为零，所以直流环节电压为零的持续时间 T_r 为

$$T_r = (t_3 - t_2) + (t_1 - t_0) \approx \frac{I_k L}{U_i - RI_0} + \frac{I_0 L}{U_i} \approx \frac{2LI_k}{U_i} \tag{7-16}$$

由式（7-16）可知 T_r 与 I_k 及 L 有着密切的关系。

把式（7-16）代入式（7-5）求得母线电压的最大值

$$U_M = U_i\left(1 + \sqrt{\frac{\omega^2 T_r^2}{4} + 1}\right) \tag{7-17}$$

所以母线的峰值电压与 I_k、L 有关，也与 T_r 有关。T_r 大，有利于为逆变器创造更充分的零

电压开关的条件，但其代价为母线电压随之升高。

本节仅简略地介绍软开关的基本概念和一些基本电路，其电路形式也仅是众多电路中的冰山一角。在现代电力电子装置中软开关技术是提高效率、降低电路噪声和辐射的有效途径之一，不过也带来电路及控制复杂、成本升高等问题，但只要在成本等条件允许时，采用软开关技术还是很有必要的。

第三节 电力电子技术在变频器中的应用

一、通用变频器的基本结构

变频器是应用电力电子技术与微电子技术，通过改变电动机工作电源频率和幅值的方式来控制交流电动机的电力控制设备。通用变频器是指可以应用于通用交流电动机调速控制的变频器，能够适用于多种负载条件，具有参数设置简单，调速节能效果明显，通用性好的特点。常见的交流电动机有异步电动机、永磁同步电动机、永磁无刷直流电动机等，其中通用变频器驱动异步电动机的应用最为广泛。通用变频器一般都有电压频率比控制这一基本功能，也称为 V/F 控制，它是通过调整变频器输出侧的电压频率比，以实现异步电动机的调速运行。随着微处理器技术、电力电子技术和电机控制理论的迅速发展，新一代通用高性能变频器采用矢量控制（Field-Oriented Control, FOC）和直接转矩控制（Direct-Torque Control, DTC）技术，其对交流电动机的转速、转矩控制性能超过了直流电动机，并已实用化。

通用变频器一般包括功率主电路、控制电路及操作显示部分，其中控制电路主要由主控制电路、信号检测电路、保护电路、控制电源和操作显示接口电路组成，如图 7-16 所示。控制电路的主要作用是将传感器检测到的各种信号送至处理器，根据被控对象的特点和操作者的要求，由运算电路和处理器进行模拟数字运算，为功率主电路提供必要的驱动信号，并对变频器本身以及负载电动机提供必要的保护。此外，控制电路还通过 A-D、D-A、串口、总线等外部接口电路将外部信号和内部工作状态与显示屏或上位机进行信息交互传输，以便使变频器能够和外部设备配合进行各种控制。

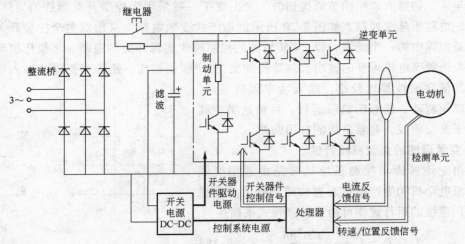

图 7-16 通用变频器基本组成结构

从主电路结构形式上看，变频器可分为交-直-交和交-交两大类，主电路中有直流中间环节的称为交-直-交变频器，没有直流中间环节的称为交-交变频器。交-直-交变频器先将交流电经整流器变换成直流，由直流中间电路对整流电路的输出进行平滑滤波，再经过逆变器把直流电变换成频率和电压都可变的交流电，如图 7-17 所示。

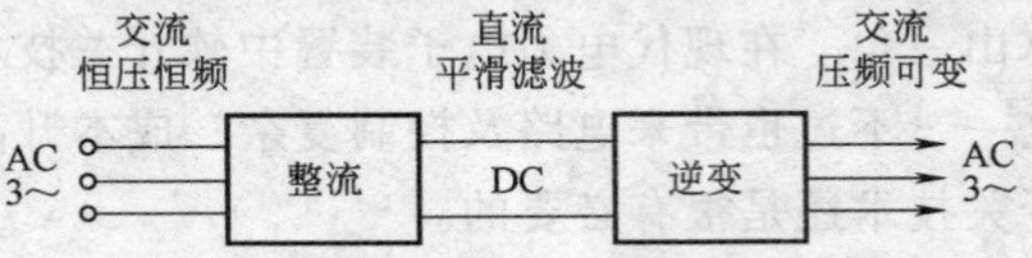

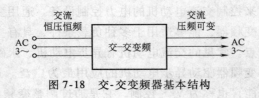

图 7-17　交-直-交变频器基本结构

交-直-交结构是当前通用变频器采用最广泛的结构，它主要由整流单元、滤波单元、逆变单元、制动单元、驱动单元、检测单元和微处理单元等组成。通常主电路部分先由二极管组成不控整流电路，将交流变换为脉动的直流，并由直流母线上的电容进行平滑滤波，获得较为稳定的直流电压，再由可控的功率开关器件（MOSFET、IGBT 等）以脉宽调制（PWM）的形式逆变为频率电压均可变化的交流，用于驱动和控制各类负载。

交-交变频器的基本结构如图 7-18 所示。它只有一个变换环节，即把恒压恒频的交流电源直接转换为变压变频的输出。常用的交-交变压变频器输出的每一相都是由两组反并联晶闸管变流装置组成的，如图 7-19 所示。也就是说，每一相都相当于一套直流可逆调速系统的反并联可逆线

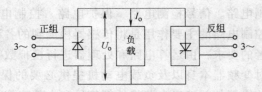

图 7-18　交-交变频器基本结构

路，只要对正反组晶闸管进行适当的控制，在负载上就能获得交变的输出电压，它的幅值取决于整流装置的相控角，频率取决于两组整流装置的转换频率，变频和调压均由变频器本身完成。

交-交变频器虽然在结构上只有一个变换环节，省去了中间直流环节，但所用的器件数量却很多，设备相当复杂。不过，这些设备都是直流调速系统中常用的可逆整流装置，在技术和制造工艺上都比较成熟，目前国内外企业已有可靠的产品。

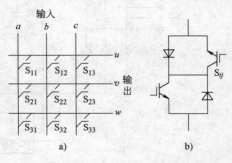

图 7-19　单相交-交变频器的可逆线路

近年来，如第六章第四节所提到的，又出现了一种采用全控型开关器件的矩阵式交-交变频器，也称矩阵变换器。如图 7-20 所示的矩阵式变频电路，采用双向全控型开关，每个开关都是矩阵中的一个元素，以 PWM 斩波的控制模式实现开关的通断，将恒压恒频的交流电源转换为频率电压可变的输出。与常规的交-交变频器相比，矩阵变换器的输入电压和输入电流的低次谐波都比较小，输入功率因数可调，能量可双向流动，能够四象限运行。目前这类变频器尚处于开发阶段，有着广泛的应用前景。

1. 变频调速的负载机械特性

通用变频器传动控制系统通常是由通用变频器、交流电动机和生产机械装置构成的联合运动控制系统，系统的运行规律可由运动方程式来描述：

$$T_e - T_L = J \frac{d\omega_r}{dt} = \frac{GD^2}{375} \frac{dn}{dt} \qquad (7-18)$$

图 7-20　矩阵式变频电路

其中，T_e为电动机的输出转矩，T_L为总负载力矩，它包括了负载力矩、粘滞摩擦阻力矩和其他扰动等。ω_r，n为电动机转子的转速，J为运动系统的总惯量。通常情况下黏滞摩擦阻力矩只占了总负载力矩的很小一部分，因而负载力矩通常只考虑生产机械装置的负载力矩。生产机械装置作为负载，通常主要有以下几种类型：

（1）恒功率负载　恒功率负载的转矩与转速成反比关系，功率保持恒定。电钻、卷纸机等机械的负载特性属于恒功率负载。这类负载的特点是低速重载，高速轻载。

（2）恒转矩负载　恒转矩负载的转矩总保持恒定或基本恒定，不随转速变化而变化。恒转矩负载分为摩擦性恒转矩负载和势能性转矩负载，摩擦性负载是呈反抗性的，即负载转矩的方向随着转速方向的改变而改变，如传送带、机床等；而势能性负载的方向不随转速的改变而改变，如电梯、升降机等，大约90%的工业机械负载属于恒转矩负载。

（3）一次型负载　转矩与转速约成正比关系，功率与转速成二次方关系，如直流发电机负载、搅拌机等。

（4）二次型负载　转矩与转速成二次方关系，绝大多数泵类和风机属于二次型负载。这类流体机械的工作介质如空气、水、油等对旋转叶片的阻力在一定转速范围内大致与转速的二次方成比例变化，因此其负载转矩大小就与转速的二次方成正比。风机、泵类负载的功率正比于转速的三次方，所以用通用变频器对流体机械进行调速控制，可以得到显著的节能效果。

（5）不规则周期性负载　转矩变化取决于除转速以外的其他因素。如压缩机负载与转子位置、转子转速和吸排气口压力差都有关系，负载转矩随转子的机械位置改变而周期性振荡，属于不规则周期性负载。

各种类型负载的特性曲线如图7-21所示。

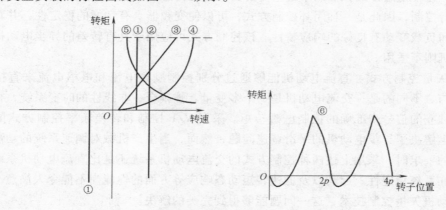

图7-21　生产机械负载的转矩-转速曲线
① 摩擦性恒转矩负载　② 势能性恒转矩负载　③ 一次型负载
④ 二次型负载　⑤ 恒功率负载　⑥ 压缩机负载

2. 变频器的控制方式

变频器靠内部可控开关器件的开通和关断来调整输出电源的电压和频率，根据电动机的实际需要来提供其所需要的电源电压，进而达到节能、调速的目的。通用变频器产品中，常见的控制方式有·V/F控制方式、转差控制方式、矢量控制方式和直接转矩控制方式。普通通用变频器具有 V/F 开环控制方式和转差速度闭环控制方式的基本功能，高性能的通用变频器通常兼有基本 V/F 控制方式、矢量控制方式和直接转矩控制方式。

（1）V/F 控制方式　是通用型变频器的基本控制方式。V/F 控制方式保证了输出电压与运行频率成一定比例，即在大部分转速范围内 V/F = 常数。V/F 控制是为了得到理想的转矩-速度特性，在改变电源频率进行调速的同时，又保证电动机的磁通不变。V/F 控制方式对电动机参数依赖不大，控制变频器结构非常简单，非常适合动态性能要求不高的应用场合。但是这种方式下变频器采用速度和转矩的开环控制，不能达到较高的动态性能和运行效率，而且在低频时必须进行转矩补偿，以改善低频转矩特性。该控制方式主要应用于异步电动机驱动的风机、泵类等节能型变频器。

如图 7-22 所示是最常见的恒转矩类负载和风机类负载的两种变频器 V/F 曲线，其中曲线①用于驱动电梯、起重机、机床等恒转矩生产机械时的 V/F 曲线设置，曲线②用于驱动风扇、通风机、水泵、油泵等流体机械时的 V/F 曲线设置。两者均在低频区设置了转矩提升，用来克服异步电动机定子绕组上产生的压降影响，补偿低速时转矩的不足。

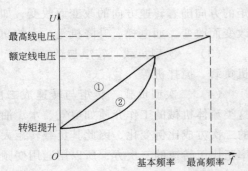

图 7-22　通用变频器的电压-频率控制曲线
① 恒转矩负载　② 风机负载

（2）转差频率控制方式　转差频率控制是一种直接控制转矩的控制方式，它是在 V/F 控制的基础上，按照异步电动机的实际转速所对应的电源频率，并根据期望得到的转矩来调节变频器的输出频率，使电动机具有对应的输出转矩的控制方法。这种控制方式在控制系统中需要安装速度传感器，有时还加有电流反馈，对频率和电流进行控制，因此是一种闭环控制方式，可以使变频器具有良好的稳定性，并对急速的加、减速和负载变动有良好的响应特性。该控制方式可应用于具有转差的异步电动机，对于同步电动机则不适用。

（3）矢量控制方式　直流电动机能够通过分别控制励磁电流和电枢电流来直接控制电磁转矩，与之不同的是，交流电动机是一个多变量、强耦合、非线性的时变系统，很难通过外部多个独立的信号来准确的控制电磁转矩。采用 V/F 控制和转差频率控制方式的通用变频器基本上解决了异步电动机的平滑调速问题，然而，当生产机械对调速系统的动静态性能提出更高的要求时，采用上述两种控制方式的交流电动机系统还是比直流电动机系统略逊一筹，表现在系统稳定性、起动以及低速转矩动态响应等方面的性能尚不能令人满意。但是通过交流电动机矢量控制技术，这一问题能够得到完美的解决。

交流电动机的矢量控制概念最早由德国西门子的 F. Blaschke 等人在 1971 年提出，至今已有 40 多年的时间。电力电子技术和微处理器技术的发展为矢量控制方法的实现奠定了基础，使得该技术趋于完善。如图 7-23 所示，矢量控制以转子磁通这一旋转的空间矢量为参考坐标，利用从静止坐标系到旋转坐标系之间的变换，把交流电动机定子电流中的转矩分量和励磁分量变成标量独立开来，进行分别独立控制。这样，通过坐标变换重建的交流电动机模型就可以等效为一台直流电动机，从而可以像直流电动机一样直接对转矩和磁通进行快速准确的控制。矢量控制从理论上解决了交流电动机转矩的高性能控制问题。

（4）直接转矩控制方式　直接转矩控制采用控制定子磁链的方法，通过检测定子电压

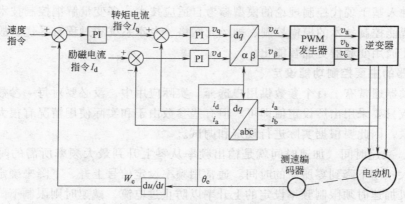

图 7-23　矢量控制系统原理图

和电流，在定子坐标系下计算电动机的磁链和转矩，将给定值与反馈值的差值通过离散的两点式调节（bang-bang 控制）选择电压矢量的状态，实现磁链和转矩的直接控制。1985 年，德国学者 M. Depenbrock 首次提出了直接转矩控制理论，随后日本学者 I. Takahaslli 也提出了类似的控制方案。与矢量控制不同的是，它不需要模仿直流电动机的控制，从而不需要为解耦而简化交流电动机的数学模型，而只需关心电磁转矩的大小。对于磁链，直接转矩控制采用离散的电压状态和六边形磁链轨迹形成近似圆形的磁链轨迹，它仅需要知道定子电阻就可以观测出定子磁链，因此控制上对除定子电阻外的所有电动机参数变化鲁棒性良好，所引入的定子磁链观测器能很容易得到磁链模型，并方便的估算出同步速度，于是就很容易得到转矩模型。与矢量控制方式相比，直接转矩控制磁场定向所用的是定子磁链，大大减少了矢量控制技术中控制性能易受参数变化影响的问题。因此，它具有不同于矢量控制的全新优点：快速动态响应，对参数依赖小，控制结构简单。但它也有缺点，即在低速时有较大而不规则的转矩脉动，因此转矩脉动是直接转矩控制的一项重要指标。直接转矩控制的原理如图7-24所示。

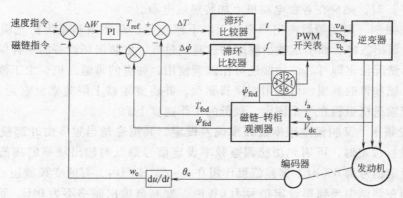

图 7-24　直接转矩控制系统原理图

尽管矢量控制与直接转矩控制使交流调速系统的性能有了很大的提高，但变频器的控制策略还有许多领域有待深入研究，如磁通的准确估计或观测、无速度传感器的控制方法、电动机参数在线辨识、零速下电动机的高性能控制、电压重构与死区补偿、多电平逆变器的控制策略等。未来的通用变频器技术将在基于电动机模型的矢量控制、直接转矩控制的基础上，进一步融入基于现代控制理论的模型参考自适应技术、多变量解耦控制技术、最优控制技术和基于智能控制技术的模糊控制、神经元网络、专家系统和过程自寻优、故障诊断自恢复技术等，使通用变频器更加智能化。

3. 变频器的主要控制功能设定

通用变频器通常有上百个参数供用户选择。实际应用中，没必要对每一参数都进行设置和调试，多数只要采用出厂设定值即可。但有些参数由于和实际使用情况有很大关系，且有的还相互关联，因此要根据实际进行设定和调试。

（1）加、减速时间　加速时间就是输出频率从零上升到最大频率所需的时间，减速时间是指从最大频率下降到零所需的时间。通常用频率设定信号上升、下降来确定加、减速时间。在电动机加速时须限制频率设定的上升率以防止过电流，减速时则限制下降率以防止过电压。

加速时间设定要求：将加速电流限制在变频器过电流容量以下，不使过电流失速而引起变频器跳闸。减速时间设定要点是：防止平滑电路电压过大，不使再生过电压失速而使变频器跳闸。加、减速时间可根据负载计算出来，但在调试中常采取按负载和经验先设定较长加、减速时间，通过起、停电动机，观察有无过电流、过电压报警，然后将加、减速设定时间逐渐缩短，以运转中不发生报警为原则，重复操作几次，便可确定出最佳加、减速时间。

（2）转矩提升　又叫转矩补偿，是为补偿因电动机定子绕组电阻所引起的低速时转矩降低，而把低频率范围 V/F 增大的方法。设定为自动时，可使加速时的电压自动提升以补偿起动转矩，使电动机加速顺利进行。如采用手动补偿时，根据负载特性，尤其是负载的起动特性，通过试验可选出较佳曲线。对于变转矩负载，如选择不当会出现低速时的输出电压过高，而浪费电能的现象，甚至还会出现电动机带负载起动时电流大，而转速上不去的现象。

（3）电子热过载保护　本功能为保护电动机过热而设置，它是变频器内 CPU 根据运转电流值和频率计算出电动机的温升，从而进行过热保护。本功能只适用于"一拖一"场合，而在"一拖多"时，则应在各台电动机上加装热继电器。

（4）频率限制　即变频器输出频率的上、下限幅值。频率限制是为防止误操作或外接频率设定信号源出故障，而引起输出频率的过高或过低，以防损坏设备的一种保护功能。在应用中按实际情况设定即可。此功能还可作限速使用，如有的带输送机，由于输送物料不太多，为减少机械和带的磨损，可采用变频器驱动，并将变频器上限频率设定为某一频率值，这样就可使带输送机运行在一个固定、较低的工作速度上。

（5）偏置频率　又叫偏差频率或频率偏差设定。其用途是当频率由外部模拟信号（电压或电流）进行设定时，可用此功能调整频率设定信号最低时输出频率的高低。如有的变频器当频率设定信号为 0% 时，偏差值可作用在 $0 \sim f_{\max}$ 范围内，有的变频器还可对偏置极性进行设定。如在调试中当频率设定信号为 0% 时，变频器输出频率不为 0Hz，而为 xHz，则此时将偏置频率设定为负的 xHz 即可使变频器输出频率为 0Hz。

（6）频率设定信号增益　此功能仅在用外部模拟信号设定频率时才有效。它是用来弥补外部设定信号电压与变频器内电压不一致的问题。同时方便模拟设定信号电压的选择，设定时，当模拟输入信号为最大时（如 10V、5V 或 20mA），求出可输出 V/F 图形的频率百分数并以此为参数进行设定即可。如外部设定信号为 0 ~ 5V 时，若变频器输出频率为 0 ~

50Hz，则将增益信号设定为 200% 即可。

（7）转矩限制　可分为驱动转矩限制和制动转矩限制两种。它是根据变频器输出电压和电流值，经 CPU 进行转矩计算，其可对加、减速和恒速运行时的冲击负载恢复特性有显著改善。转矩限制功能可实现自动加速和减速控制。假设加、减速时间小于负载惯量时间时，也能保证电动机按照转矩设定值自动加速和减速。

驱动转矩功能提供了强大的起动转矩，在稳态运转时，转矩功能将控制电动机转差，而将电动机转矩限制在最大设定值内，当负载转矩突然增大时，甚至在加速时间设定过短时，也不会引起变频器跳闸。在加速时间设定过短时，电动机转矩也不会超过最大设定值。驱动转矩大对起动有利，以设置为 80% ~ 100% 较妥。

制动转矩设定数值越小，其制动力越大，适合急加、减速的场合，如制动转矩设定数值设置过大会出现过电压报警现象。如制动转矩设定为 0%，可使加到主电容器的再生总量接近于 0，从而使电动机在减速时，不使用制动电阻也能减速至停转而不会跳闸。但在有的负载上，如制动转矩设定为 0% 时，减速时会出现短暂空转现象，造成变频器反复起动，电流大幅度波动，严重时会使变频器跳闸，应引起注意。

（8）加减速模式选择　又叫加减速曲线选择。一般变频器有线性、非线性和 S 三种曲线，通常大多选择线性曲线；非线性曲线适用于变转矩负载，如风机等；S 曲线适用于恒转矩负载，其加、减速变化较为缓慢。设定时可根据负载转矩特性，选择相应曲线。

（9）转矩矢量控制　矢量控制方式就是将交流电动机定子电流分解成规定的磁场电流和转矩电流，分别进行控制，同时将两者合成后的定子电流输出给电动机。理论上认为异步电动机与直流电动机具有相同的转矩产生机理，因此从原理上可得到与直流电动机相同的控制性能。采用转矩矢量控制功能，电动机在各种运行条件下都能输出最大转矩，尤其是电动机在低速运行区域。

（10）节能控制　风机、水泵都属于减转矩负载，即随着转速的下降，负载转矩与转速的二次方成比例减小。而具有节能控制功能的变频器设计有专用 V/F 模式，这种模式可改善电动机和变频器的效率，其可根据负载电流自动降低变频器输出电压，从而达到节能目的，该模式可根据具体情况设置为有效或无效。

二、变频器在生产机械中的应用

变频器的应用领域几乎涵盖国民经济的各个行业。相较于传统的电动机驱动设备，变频器的优势在于体积小、重量轻、精度高、工艺先进、功能丰富、保护齐全、可靠性高、操作简便、通用性强、易于进行各种闭环控制等。在调速方面它优于以往的任何调速方式，如变极调速、调压调速、转差调速、液力耦合调速等；在伺服驱动方面，它的优异控制性能表现在定位精度高、定位动作迅速、定位过程可控、易实现速度位置多闭环控制等；而在节能方面，变频器的优势更为显著，它有利于提高生产机械的生产效率，延长使用寿命，降低综合能耗，从而间接地减少原材料的消耗和污染物的排放，对保护环境起到举足轻重的作用。

变频器的节能主要体现在两个方面：一是通过变频调速技术及优化控制技术实现"按需供能"，即在满足生产机械速度、转矩、位置以及动态响应要求的前提下，尽量减少变频装置的输入能量或输入功率，以提高生产机械的整体效率。二是将由生产机械中储存的动能和势能转换为电能并及时高效地回收，即通过变频器中的有源逆变装置将能量回馈到交流电网，这个能量再生过程既可以实现节能降耗，又可以辅助电动机的精确制动，有一举多得的效果。

　　如上一小节所述，变频器应用在风机、泵机等流体类生产机械中获得了良好的节能效果。由于负荷电动机长时间运行在轻载状态下，而二次型负载的功率与转速呈三次方关系，变频器通过精确的调速功能，能够使电动机在最节能的转速下运行，大幅度提高了轻载运行时的效率。对于恒定转矩负载的电梯、起重机类生产机械，变频器可以在节能的同时发挥其速度控制精确的优势，通过合理设置加减速过程，减少轿厢在各楼层间移动时的冲击和振动，提升舒适感和安全性。在机床和加工中心等主轴驱动应用中，变频器驱动的伺服电动机系统可以实现高精度、高效率、响应快速的给进、定位、切削动作，使得机械加工的效率和精度大大提高。在民用交通领域，高速铁路、电动汽车等交通工具也普遍采用变频器驱动系统。得益于变频器对驱动电动机的精确速度控制，车辆可以实现平滑的加、减速，并具有更大的加速度和更宽的调速范围，这大大提升了乘客乘坐的舒适度。另一方面，当车辆需要减速时，变频器的回馈制动功能还可以将车辆的动能回收到电网或蓄电池中以便再次利用，这就节省了电能，提高了系统效率。可见，针对各种生产机械的特点来合理的配置变频器，可以带来节能增效、精确快速、安全舒适等好处，此处不再逐一介绍。下面将详细介绍变频器在空调压缩机中的应用及其特点。

　　与大多数常规负载不同，旋转压缩机在运行状态下其主要负载转矩随转子的机械位置改变而周期性振荡，它取决于吸气口和排气口的气压差，这一部分的负载曲线如图 7-25 所示。另一部分负载转矩来自于制冷循环系统的平均压力，随着电动机转速的变化而改变。压缩机是安装在空调室外机里的，它通过软橡胶垫与机箱底座固定在一起，在运行中的某些频率会产生机械共振。机械共振会使压缩机晃动，电动机旋转轴心偏离重心引起离心力，产生额外的不规则转矩。空调压缩机系统的总负载是上述几种因素的叠加，因此，压缩机的负载特性属于与转速、转子位置、外部压力差、共振等因素有关的多变量不规则负载，电动机驱动系统既要能够实现大范围的负载转矩输出（−10% ~ 100% 额定转矩），又要能够响应高速扰动的负载变化，特别是在转速较高的时候，负载转矩幅值大、振动频率高，这需要系统拥有良好的动态性能。

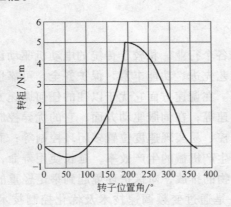
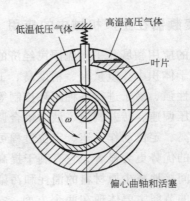

图 7-25　旋转压缩机负载曲线和结构图

　　压缩机电动机的驱动方式分传统的工频电源驱动和变频驱动两种。工频电源驱动时，一般根据使用的空气量进行吸入挤压控制，由于是恒速运行，所以在非满负载运行时消耗的电力依然接近全功率运行时的状态，并没有省多少电。而变频驱动方式是根据使用的空气量实施转速控制，所以在部分负载时能大幅度节省电能。变频驱动的优势主要有：

（1）轻负载时可降低转速，大幅度节省电能。

（2）提高压力控制准确度，从而提高制冷量控制准确度，更有利于室内恒温控制。

（3）能够高频度地起动和停止。

（4）利用电动机的高转速实现压缩机体的小型化。

随着变频器高效性及可靠性的提高，压缩机使用变频驱动已经越来越多。为了实现更高的驱动效率和更小的体积，压缩机系统普遍使用内嵌式永磁同步电动机（IPMSM 电动机）。内嵌式永磁同步电动机的结构如图 7-26 所示。

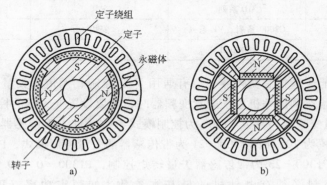

图 7-26　两种内嵌式 PMSM 电机的结构

a）表嵌式　b）内埋式

变频空调在正常运行时压缩机的壳内温度超过 100℃，且压缩机内部充满强腐蚀性的高压制冷剂，在这种高温高压的密闭条件下，霍尔传感器、光电编码器等位置传感器均无法使用。同时，空调成本的限制也不允许安装昂贵的旋转编码器，因此使用永磁同步电动机的压缩机系统普遍采用无（位置）传感器的矢量控制方式。矢量控制能够解耦同步电动机的励磁电流 i_d 和转矩电流 i_q 并分别进行控制，使电动机的动态性能达到最优，如果采用"最大转矩/电流比"控制策略分配 i_d 和 i_q，则可以进一步发挥磁阻转矩的作用，以最小的电流产生所需的输出转矩，实现极限的高效率化。

在永磁同步电动机的 d-q 同步坐标系下，转矩公式可表示为

$$T_e = \frac{3}{2}P(\psi_d i_q - \psi_q i_d) = \frac{3}{2}P\psi_{pm}i_q - \frac{3}{2}P(L_q - L_d)i_d i_q \tag{7-19}$$

其中，P 为电动机极对数，ψ_{pm} 为永磁体磁链，L_d、L_q、i_d、i_q 分别为 d、q 轴的电感和电流。

由式（7-19）可以看出，以矢量控制为基础的永磁同步电动机电磁转矩由两部分组成：前一部分为电动机的电磁转矩，它由电动机交轴电枢反应产生，与电动机的定子 q 轴电流大小和永磁体磁链强度有关；后一部分为电动机凸极结构产生的磁阻转矩，与电动机的 d 轴电流、q 轴电流以及 d-q 轴电感差异（也称凸极率）有关。在磁场不饱和的情况下，电磁转矩和 q 轴电流近似成正比，特性与直流电动机相似，控制起来十分方便。这些控制需要由变频器来实现。

空调压缩机系统的电动机转速范围一般在 10～200Hz 之间，它对运行效率的要求要远远高于对速度准确度的要求。另外，运行时的稳定性和噪声也是衡量系统性能的重要标准，这就需要对转矩和电流进行高性能的控制。为了实现永磁同步电动机压缩机系统的高性能控

制，就不能选用只有 V/F 功能的普通变频器，而应该选用带有无传感器矢量控制的高性能变频器。表 7-1 列举了一部分具有无传感矢量控制功能的变频器系列。

表 7-1 部分具有无传感矢量控制功能的变频器

品牌	型号	品牌	型号
罗克韦尔(A-B)	1336 Plus II PF700 系列	东芝	A7
西门子	MM440	富士	FRN VG7S4 系列
丹佛斯	VLT5000	日立	SJ300 系列
施耐德	ATV-66	松下	VF-7E
CT	CDE 系列	三菱	A500 系列
汇川	MD 系列	东洋	VF64
台达	C2000 系列　VE 系列	安川	A1000
艾默生	TD3000	三垦	SVC 系列

无传感器高性能矢量控制变频器一般有通用 V/F 控制、无传感矢量控制和转矩控制等多种控制方法，在给空调压缩机系统配置变频器时，需要设置变频器的控制模式参数。例如西门子 MM440 系列变频器，参数 P1300 为控制模式参数，进入无传感器矢量控制模式时需要将参数 P1300 设置为 20。而 P1300 = 21 为带传感器的矢量控制模式，P1300 = 22 为无传感器矢量转矩控制，P1300 = 23 为带传感器矢量转矩控制，P1300 = 0 ~ 19 为各种 V/F 控制模式。无传感矢量控制必须有电动机的最基本参数，如额定功率（P0307）、额定电压（P0304）、电流（P0305）、转速频率（P0310）、定/转子电阻（P0350/P0354）、定/转子漏感（P0356/P0358）、主电感（P0360）以及转动惯量（P0341）等。目前一部分变频器具有自整定功能，可以利用变频器的操作面板将电动机铭牌上标注的电压、电流、频率等输入到变频器，然后根据预先设定的速度模式使电动机运行在测试状态，这样电动机的其他参数都可以自动测定。

变频器的正确选用对于机械设备电控系统的正常运行是至关重要的。选择变频器，要按照机械设备的类型、负载转矩特性、调速范围、静态速度准确度、起动转矩和使用环境的要求，决定选用何种控制方式和防护结构的变频器最合适。工程现场选用变频调速系统，应权衡利弊，合理选用。只有正确、灵活地用好变频器，交流变频调速系统才能安全、可靠地运行。

第四节　电力电子技术在 LED 照明驱动电源中的应用

LED 被公认为 21 世纪的"绿色照明"，它具有高节能、长寿命、易变幻、利环保等特点，成为最具市场潜力的行业热点。目前，LED 白光的发光效率已超过 100 lm/W，甚至最先进的白光 LED 可达到 130 lm/W，较传统照明产品提高 3 ~ 5 倍。LED 发光效率更高，较传统照明产品节能 50% 以上。LED 的寿命也更长，能使用 3 万小时以上，是传统照明产品的 5 倍。LED 照明产品作为新一代"绿色照明产品"，其高效、节能、环保、长寿命的特点使其在道路照明、隧道照明、公共照明等应用领域的作用尤为明显。

LED 驱动器（LED Driver），是指驱动 LED 发光或 LED 模块正常工作的电源调整装置或组件。由于现行的工频电源和常见的电池电源均不符合 LED 的供电要求，因此需要一套电力电子设备将交流电或低压直流电转变为 LED 灯珠所需的电源，同时兼具高效、高可靠的特性。本质上 LED 驱动器就是将供电电源转换为特定的电压电流以驱动 LED 发光的电压转换器，并具有过电流、过电压、过热等保护功能，确保 LED 模块不受损坏。通常情况下，LED 驱动器的供电输入电源包括工频交流电、低压直流、高压直流、低压高频交流（如电子变压器的输出）等，而输出大多数为可随 LED 正向压降值变化而改变电压的恒定电流源。因为供电电源形式的不同，驱动器的电路内脏也有所不同，比如工频交流供电时在输出功率较大时往往要增加功率因数校正电路。下面介绍一种工频交流供电的驱动电路结构。

（1）功率因数校正（PFC）　以工频交流电作为供电源的 LED 驱动器，其输入端一般要经过一个桥式整流器和一个大滤波电容，将 220V/50Hz 的交流电转换为 300V 左右的高压脉动直流电。滤波电容在整流桥和负载之间起能量缓冲的作用，被不断的充电和放电，形成了脉动的直流电压和尖峰的电流，如图 7-27 所示。此时电压和电流均包含较大谐波，且相位不一致，功率因数较低。利用功率因数校正技术可以使整流器输出的电压波形为正弦半波，并迫使交流输入电流波形跟踪交流输入电压波形，使输入电流波形也呈纯正弦波，并且和输入电压同相位，这时桥式整流器的负载可等效为纯电阻，功率因数接近于 1。

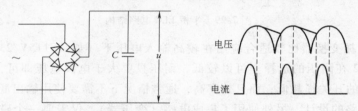

图 7-27　桥式整流滤波电路的电压和电流波形

根据是否使用有源器件，PFC 技术可分为有源功率因数校正（APFC）和无源功率因数校正（PPFC）。在大功率的 LED 驱动器中，通常采用脉宽调制的 Boost 升压变换器来实现有源功率因数校正，如图 7-28 所示。在整个正弦半波周期内，Boost 变换器采样输入电压和电流的变化，由控制芯片来控制功率开关管的导通时间，使输入电流成为正弦波，且波形跟随输入电压波形的变化而变化，最终使输入电流和输入电压的相位尽可能一致。这样有源功率因数校正电路就可以在较宽的输入电压范围内实现功率因数接近 1，而且得到的输出电压更加稳定，幅值也比输入电压高。

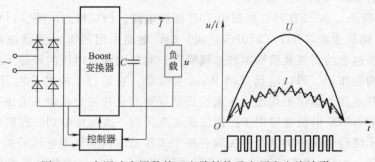

图 7-28　有源功率因数校正电路结构及电压和电流波形

（2）半桥 LLC 谐振变换器　半桥 LLC 谐振变换器的典型结构如图 7-29 所示。半桥 LLC 谐振变换器主要由三部分组成：半桥、谐振电容和两个谐振电感。两只 MOSFET（M1、M2）组成半桥结构，其驱动信号来自控制器，M1 和 M2 总是以 50% 的占空比反复交替通断，开关的频率取决于反馈环路。C_s 为谐振电容；L_m 为励磁电感，即变压器的一次绕组电感；L_s 为串联谐振电感，它既可以是一只独立的电感器，也可以是变压器一次绕组的漏感，这样 L_m 和 L_s 可以融合到同一个变压器中，从而使得谐振电路的元件减少为 2 个。VD1 和 VD2 为二次侧输出整流二极管，C_{out} 是输出滤波电容。

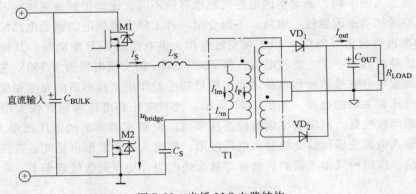

图 7-29　半桥 LLC 电路结构

　　半桥 LLC 谐振变换器比较适合应用在较高输入电压下（如 AC115V/230V 系统），功率开关管 M1 和 M2 在耐压的选择上可以较低，耐压只要大于电源电压即可，选型比较方便。LLC 谐振变换器的开关损耗低，而且效率高，通常情况下不需要使用输出滤波电感，从而简化了输出滤波电路的设计。另外使用了集成电感（变压器），仅需要一个磁性元件，在保证一次侧和二次侧隔离的同时减小了整体体积。

　　（3）典型大功率 LED 驱动器方案　PLC810PG 是美国 Power Integrations（以下简称 PI）公司推出的一款集成半桥连续模式电源驱动芯片，它集成了功率因数校正（PFC）技术和离线式半桥谐振（LLC）功能，广泛应用于大功率 LED 路灯、LCD 电视机等场合。

　　该方案在前部采用升压式有源功率校正以满足高功率因数的要求，功率因数达到 95% 以上；后部采用半桥谐振变换器进行 DC-DC 变换，降低了功率开关管的开启损耗和输出整流二极管的反向恢复损耗，有效提高了驱动器的转换效率；输出侧利用反馈电路，实现了恒流或恒压驱动。另外，在设计电路时考虑了电磁干扰方面的问题，合理的器件排布使得驱动电源符合相应的 EMI 电磁噪声标准。

　　如图 7-30 所示，该 LED 路灯电源由 EMI 滤波电路、PFC 校正电路、LLC 谐振电路、电流/电压反馈电路和主控芯片 PLC810PG 组成。EMI 电路采用两级 π 型滤波器结构，用于滤除工频交流电中包含的高频共模噪声和差模噪声，对电网瞬变电压的传导干扰和某些辐射干扰具有良好的抑制作用。PFC 电路采用 Boost 变换器，它通过主控芯片对开关管进行 PWM 斩波控制，提升电压并迫使平均输入电流按正弦规律变化并与交流输入电压保持相同，从而提高了功率因数。LLC 谐振电路用于把能量从主变压器一次侧传输到二次侧的负载侧，采用谐振软开关技术使得半桥中的两个开关管在整个工作范围内实现零电压开关，降低了传输过程中的能量损耗。恒压/恒流反馈电路用于采样输出电压或电流，并将采样信号反馈给主控

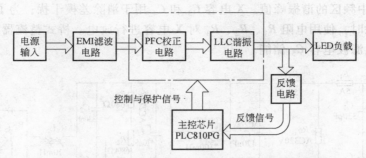

图 7-30　采用 PLC810PG 的 LED 路灯电源流程图

芯片，由主控芯片调节 PFC 电路和 LLC 电路中开关管的工作状态，这样形成一个闭环反馈，使驱动器能够达到期望的恒流/恒压输出。

图 7-31 所示为采用 PLC810PG 器件的电源结构简图，其中 LLC 谐振电感集成在变压器中。PFC 部分采用无需正弦信号输入参考的通用输入连续电流模式（CCM）设计，从而减少了系统成本和外部元件。通常情况下 PFC 工作在连续导通模式，轻载时可转入断续导通模式。LLC控制器支持半桥谐振拓扑结构，只需通过两只 MOSFET 开关管即可驱动谐振回路和变压器。通常在额定输出电压下，将 LLC 转换器的工作频率设计为 100kHz 左右，且随着输入电压和负载的变化而变化。在此工作阶段，MOSFET 可在零电压时导通，从而降低了开关损耗。为了确保零电压开关，LLC 开关的死区时间被严格控制在容差范围之内，并可通过一个外部电阻进行调节。轻载时，工作频率也可以在较小频率范围内变化以稳定输出电压，其最大工作频率由 FMAX 引脚上的电阻 Rf_{MAX} 来设定。若外部反馈电路试图将工作频率拉高到超过最高工作频率 f_{MAX}，控制器将关断 MOSFET。PLC810PG 还提供 PFC 和 LLC 一次侧故障管理功能，可根据 LLC 相位对 PFC 的 PWM 输出相位进行动态调节，以便于开关沿与 PWM 和 LLC 时序电路中的噪声敏感部分不相交。相位同步可降低 EMI 频谱成分和 PFC 电容的纹波电流。

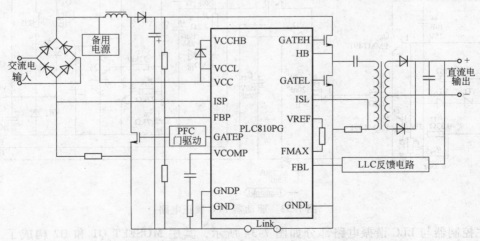

图 7-31　采用 PLC810PG 器件的 LED 路灯电源结构简图

图 7-32、7-33、7-34 为 LED 驱动电源的主要电路。在 EMI 滤波电路图 7-32 中，Y 电容 C_1 和 C_6 将直流母线和中性点同保护地相连接，用以削弱高于 30MHz 的共模噪声对电源输入侧的影响；共模电感 L_1 和 L_2 分别抑制低频和中频（小于 10MHz）的干扰噪声；电容 C_2

和 C_7 用来削弱中频区的谐振峰值。X 电容 C_3 和 C_4 用于消除差模干扰；为了符合安全规范，当输入交流移除时，使用电阻 R_1、R_2、R_3 对 X 电容进行放电。桥式整流器 BR1 对输入 AC 进行整流，并由滤波电容 C_5 储能。

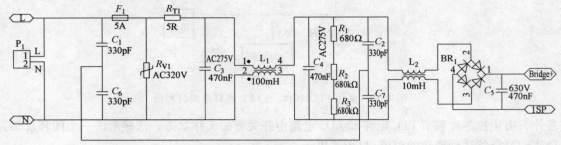

图 7-32　驱动器 EMI 滤波电路

　　热敏电阻 RT1 用于限制上电初始时刻的浪涌，它与由电源遥控导通信号驱动的继电器 RL1 进行跨接。当初始上电时的浪涌被 RT1 吸收后，控制芯片使继电器 RL1 导通，则 RT1 被短路，输入电流从继电器二次侧通过，从而消除了热敏电阻上的功耗，可将效率提高大约 1%。

　　在 PFC 电路图 7-33 中，PFC 电感 T_2、MOSFET Q11、升压二极管 VD15 以及大容量电容 C_{47} 共同组成一个 PFC 升压转换器。元件 Q6、Q10、C_{44}、R_{74} 组成 MOSFET 的栅极驱动电路，并由控制芯片 PLC810PG 给出控制 PWM 信号。VD18、VD19 对 PFC 电流检测电阻 R_{77}、R_{79} 进行钳位，在浪涌期间为控制芯片提供电流检测输入保护。电容 C_{46} 放置在 PFC MOSFET 和二极管附近，这样可以限制元件 Q11、D15、C_{47} 构成的高频环路的大小，从而降低 EMI。

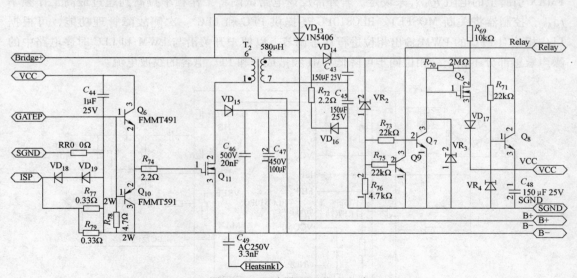

图 7-33　驱动器 PFC 校正电路

　　主控制器与 LLC 谐振电路部分如图 7-34 所示，其中 MOSFET Q1 和 Q2 构成了 LLC 半桥，它们由 PLC810PG 通过栅极电阻 R_5 和 R_9 直接驱动。主变压器 T1 有一个内在的大容量漏感，其电感值在 $100\mu H$ 左右，与 $580\mu H$ 的自电感以及 C_8（18nF）共同作用，形成串联谐振回路。电容 C_9 用于局部旁通，与 Q1 和 Q2 相邻。电阻 R_{26} 检测主变压器一次电流，采样电压信号通过 R_{18} 传给 PLC810PG，以提供过载保护。

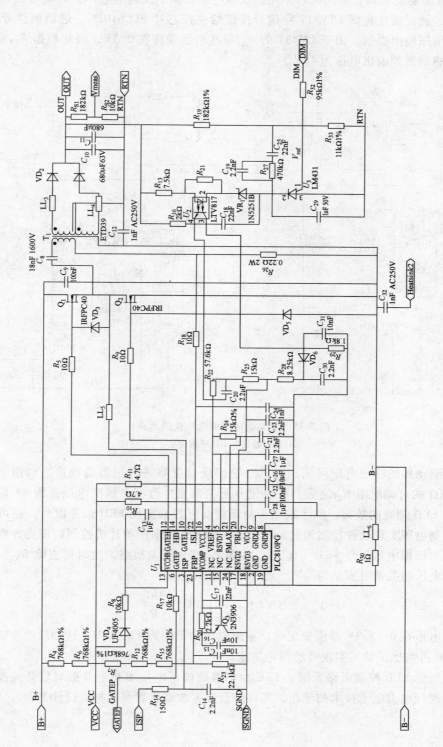

图 7-34 驱动器主控制器与 LLC 谐振电路

　　图 7-35a 为驱动器恒压输出时所采用的反馈电路，其中反馈电阻 R_{19} 和 R_{31} 对输出电压分压并采样后，通过线性光耦 LTV817 将信号反馈给主控芯片 PLC810PG，进而调整开关管的输出，实现恒压输出控制。由于 LM431 的 V_{ref} 基准电压维持在 2.5V，因此根据 R_{19} 和 R_{31} 的分压关系，驱动器的输出电压为 48V。

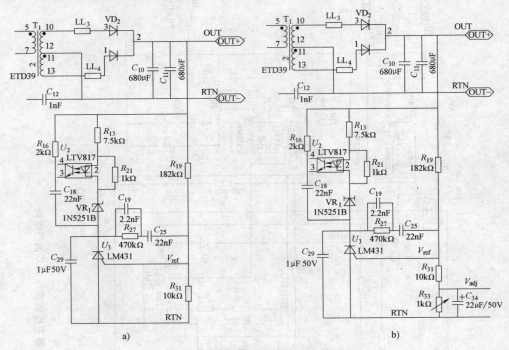

图 7-35　驱动器输出侧电压反馈回路
a）固定输出　b）可调输出

　　为实现驱动器的输出电压可调，可以对输出反馈电路进行适当的改造。如图 7-35b 所示，增加 1kΩ 的可调电阻 R_{33} 之后，可以使分压关系发生改变，输出电压范围 43.8 ～ 48V 可调，实现 LED 调光的效果。除了采用手动调整变阻器来实现 LED 调光以外，还可以通过注入外部控制电压实现软件控制调光。图 7-34b 部分也可采用单片机控制的调光方案，单片机 I/O 口输出模拟电压信号 Vadj（直流或 PWM），接入反馈回路，这时可去除 R_{33}。其输出电压与控制电压的关系可表示为

$$V_o = 2.5 \times \left(1 + \frac{R_{19}}{R_{31}}\right) - V_{adj} \cdot \frac{R_{19}}{R_{31}} \tag{7-20}$$

　　当控制电压在 0 ～ 3.3V 范围变化时，输出电压的范围为 42 ～ 48V。这样通过改变单片机输出 PWM 的占空比，即可实现自动调光功能。

　　以上介绍的 LED 控制电路采用了 PFC 功率因数校正电技术和全谐振型软开关技术，这些技术都是现代电力电子技术的佳作，其详细设计方法请读者参阅相关设计手册。

参 考 文 献

〔1〕 ◯安，黄俊. 电力电子技术［M］. 4 版. 北京：机械工业出版社，2000.

〔2〕 黄俊，王兆安. 电力电子变流技术［M］. 3 版. 北京：机械工业出版社，1993.

〔3〕 王兆安，杨君等. 谐波抑制和无功补偿［M］. 北京：机械工业出版社，1998.

〔4〕 马小亮. 大功率交-交变频调速及矢量控制技术［M］. 北京：机械工业出版社，1998.

〔5〕 浣喜明，姚为正. 电力电子技术［M］. 北京：高等教育出版社，2001.

〔6〕 丁道宏. 电力电子技术［M］. 北京：航空工业出版社，1992.

〔7〕 张立，赵永健. 现代电力电子［M］. 北京：科学出版社，1995.

〔8〕 赵良炳. 现代电力电子技术基础［M］. 北京：清华大学出版社，1995.

〔9〕 林渭勋. 电力电子技术基础［M］. 杭州：浙江大学出版社，1990.

〔10〕 李序葆，赵永健编著. 电力电子器件及其应用［M］. 北京：机械工业出版社，1996.

〔11〕 华伟，周文定编著. 现代电力电子器件及其应用［M］. 北京：北京交通大学出版社，2002.

〔12〕 陈坚. 电力电子学［M］. 北京：高等教育出版社，2002.

〔13〕 林辉，王辉. 电力电子技术［M］. 武汉：武汉理工大学出版社，2001.

〔14〕 李宏. 电力电子设备用器件与集成电路应用指南［M］. 北京：机械工业出版社，2001.

〔15〕 张立. 现代电力电子技术基础［M］. 北京：机械工业出版社，1999.

〔16〕 蔡宣三，龚绍文. 高频功率电子学——直流-直流变换部分［M］. 北京：科学出版社，1993.

〔17〕 Power Electronics Systems-Theory and Design.（影印版）Jai P. Agrawalyi. 北京：清华大学出版社，2001.